JN250914

これからの光学

古典論・量子論・物質との相互作用・新しい光

大津元一

[著]

朝倉書店

まえがき

　本書は光にまつわる現象を記載しているが，取り扱う内容と記述方法はよくある光学の書籍とは大分異なっている．特に第5〜9章で取り上げるのはドレスト光子と呼ばれる新しい光であり，これは従来の光学の理論，すなわち古典光学や量子光学で説明することはできない．このために作られた新しい学問を理解して頂くのが本書の主な目的である．本書の表題を「光学」ではなく「これからの光学」としたのは以上の理由による．

　一般に学問の開拓者は「既知の現象」を説明・記述する学問を作ろうと考えてそれを実現するのだが，後年になって「既知の現象」とは著しく異なる「新しい現象」が見つかる場合がある．これを説明するには従来の学問では前提からして成り立たないため，もはや使いものにならない．本書では学問にはこのような限界が必ずあることを意識しつつ，新しい現象としてドレスト光子（新しい光）を扱う．ドレスト光子はナノ寸法の小さな領域に存在する光である．これに対し「既知の現象」とは人類が長く付き合ってきた遠くまで飛んでいく光に相当する．上記の古典光学，量子光学，光と物質の相互作用の理論は遠くまで飛んでいく光の性質を記述・説明するための学問なのである．

　第2〜4章ではまず古典光学，量子光学，光と物質の相互作用の理論から始める．これらは遠くまで飛んでいく光を説明するために作られた学問なので，その枠の中でいくら詳しく学んでもドレスト光子とそれがかかわる新しい現象の学習を始める敷居を越えることはできない．しかし従来の学問の限界に気づけばわりと簡単にこの敷居を越えることができるはずである．

　遠くまで飛んでいく光を詳しく勉強し，従来の光学の効力を信じた人はドレスト光子を目の当たりにして困惑するであろう．しかし両者の違いを理解すればこのような困惑が避けられ，ひいては遠くまで飛んでいく光をさらにより深く研究し利用する際にもこの勉強の経験が役に立つのに，と思うことが多々ある．

科学技術においてもこのような似て非なるものにまつわる困惑，誤解が多々あり，それは歴史の教えるところである．

　古典光学，量子光学，光と物質の相互作用の理論に関する著書は膨大な数に上り，これらの知識の詳細があふれるばかりに記載されているが，その限界が明示されていないことが多い．このような状況を鑑み第2〜4章は単に知識を整理して概説するのではなく，既存の学問に潜む前提を明示し，それがもたらす限界を示すことを目的とする．これが本書の中の最高の山場といってもよい．

　山場を越えた後の第5〜9章では従来の光学とは「似て非なる」新しい光としてのドレスト光子の学問を概説する．ドレスト光子の応用技術，さらには新しい学問をさらに深めるための将来展望も記す．本書が読者諸兄の学習の一助となり，光の概念に関する意識革命へとつながれば幸いである．

　本書執筆にあたり（一般社団法人）ドレスト光子研究起点の研究活動にご協力いただいている多数の研究者の方々から貴重な助言をいただいた．ここに深くお礼申し上げます．最後に，本書執筆の企画立案後，出版に至るまでご協力とご援助を賜った朝倉書店編集部の皆さまに感謝します．

　なお，本書中，誤記などがあるかもしれない．出版後にそれを見つけた場合には正誤表を朝倉書店 Web サイト http://www.asakura.co.jp に掲載するのでそれもご参照いただきたい．

　2017 年 9 月

大 津 元 一

目　　次

1 Route to studying novel types of light

新しい光への道しるべ

第 1～4 章では従来の学問が蓄積してきた光に関する知識を解説し，この学問に潜む前提とそれがもたらす限界を示す．これらは第 5～9 章を学ぶための予備知識であるが，この前提と限界に気付くことは新しい光を研究する際に必要である．本書後半で取り上げるドレスト光子はその例の一つである．

1.1　光科学技術の歴史の中で

光科学の歴史は光自体を研究する，光を使って研究する，の 2 種類に大別される．光技術は光を使った技術の開発に他ならないので後者に相当する．

17 世紀初頭にガリレオは天体観測に望遠鏡を導入し，星から地上に降り注ぐ光を使って研究することにより地動説を主張するのに有利な証拠を多く見つけた．17 世紀後半にはニュートンも光を使って研究するために望遠鏡を作ったが，光の正体を探るためにさらに光を研究し，光の粒子説を唱えた．これに対しホイヘンスらは光の波動説を唱えた．二つの説の間で長年にわたる論争が続いたが，その間波動説を応用した技術の開発が進んだ[1,2]．たとえばフレネルの発明したフレネルレンズは 19 世紀には世界各国の灯台に使われ，船の安全航行を助けた[3]．

一方 19 世紀の鉄鋼業において，溶鉱炉の中の溶けた鉄が発する光 (黒体放射) の色を調べ，鉄の温度を測る技術，すなわち光を使った技術の開発がきっかけになり，プランクは光を研究して 20 世紀初頭にエネルギーの量子仮説を唱えた．またアインシュタインは光子という理論的描像を提示し，上記の長年にわたる論争に終止符を打った．その後に量子力学が発達し，20 世紀半ばには電波

通信の情報容量増加のために高周波数の電波である光の発振器 (光源) の出現が待望され. これに応え 1960 年にはレーザーが発明された. この光源から出てくる光は白熱電球や蛍光ランプなどから出てくる光とは大きく異なり, 波としての振動の位相がそろった独特の性質をもつことから, この光を研究することも盛んになり量子光学が発達した. レーザーが発明された直後から光を使った技術の開発としての光情報処理, 光情報通信, 光加工, 光計測などの技術が発展した. 1990 年代にはこれらの技術は成熟し現在に至っている.

　以上のように光自体を研究することと光を使って研究することは互いに連携して進み, また量子力学のような新しい学問を生み, さらに現代社会を支える包括的技術を生んだ. しかし光を使った技術の開発が一段落して久しい今, 新しい研究テーマに取り組むには既知の光を使うだけでは不十分であり, 今や光を研究すること, そして新しい光を作ることが肝要となっている.

　ところで新しい光とは何だろうか？　高パワーの光？　短波長の光？　短パルスの光？　これらは上記のレーザーの発明によってすでに出現して久しい. 現在ではこれらの光をさらに効率よく発生するのに適した物質を作ることが最先端の研究課題の一つである. 一旦その物質が作られれば, そこから発生する光は上記の性質を示し, その後はこの物質がなくても遠くへ飛んでいく. これらは光の波動説, 光量子説, レーザーに関する理論などによって説明できる光であり, 遠くまで飛んでいくという性質をもつ. その結果光ビームが広がろうとする性質 (回折と呼ばれている) を示し, 従ってこれを凸レンズで集めても光の波長程度の寸法のピンボケが生ずる. これは回折限界と呼ばれており (2.2.2 項), これが光技術の進歩を妨げている.

　光の波長よりずっと小さい光を作りだすことができれば, 回折限界を超えることができるはずである. 本書で扱う新しい光はこの小さな光であり, これはドレスト光子 (dressed photon: DP) と呼ばれている. これまでの光の研究により得られた知識のみを使ったのでは回折限界を超えた議論は不可能なことから, 小さな光とは何だろうか？　という疑問に答えるために光自体を研究する必要が生じたのである.

1.2 光学理論とその分類

光学の理論に関する書籍は多く出版されているが，これらを読んだだけでは第5～9章の内容を理解するのは容易ではない．なぜならこれらの理論に潜む前提と，それがもたらす限界が災いしているからである．これに気付いていただくため，第2～4章では古典光学，量子光学，光と物質の相互作用の理論への入門とともに，そこに潜む前提とそれがもたらす限界を記す．

従来の古典光学，量子光学，光と物質の相互作用の理論がドレスト光子を説明するのに不十分なのは次の [1]，[2] の理由による．

[1] 古典光学（幾何光学，波動光学）は次の条件を満たす現象のみを扱っている．

(a) 対象とする空間，領域の寸法は光の波長以上．

(b) 観測時間は光の振動の周期に比べ十分長い．

(c) 光強度は十分に大きい．

(d) 光強度は物質が線形応答する程度に十分小さい．

(e) 静止座標系で現象を観測する．

(f) 物質による光の吸収を扱う．

[2] 量子光学でも上記 [1] と同様の条件を満たす現象を扱うが，(c)，(f) とは異なり，各々光強度が小さい場合，および物質からの光の放出を扱うことができる．

第2～4章をDPという新しい光を理解するための予備知識として供するために，次の方針で議論を展開する．

(1)（第2章） 古典光学の入門的知識を解説する．このとき光は空間を満たす「場」であるという考え方を示す．

(2)（第3章） 光と物質との相互作用の基礎として量子光学が必要であるが，ここではその入門的知識を解説する．

(3)（第4章） 光と物質の相互作用の基本的概念として光による分子の励起，物質中の素励起，その例としてのフォノン，半導体の光物性，エネルギーの散逸などの入門的知識を解説する．

これら（1）〜（3）の各解説の末尾には従来の理論に潜む前提，それがもたらす理論の限界，さらに DP の抱える事情を明示する．

光は電磁波なので電磁気学に基づいて議論されている．ただし取り扱う光学現象に合わせ，次に示す多様な光学理論がある．

【幾何光学（光線光学)】　幾何学的な法則に従って進む光線として光を記述する．光がその波長より大きな寸法をもつ物体の周囲を通過，透過する場合を扱う．すなわち光の波動性がはっきりと表れない場合であり，これは波動光学において波長を 0 としたことに相当する．

【波動光学】　光をスカラー波として扱う．

【電磁光学】　互いに結合した二つのベクトル波（電場ベクトルと磁場ベクトル）として電磁波を扱い物質中の光の伝搬を記述する．物質の光学異方性も扱うことができる．

以上の三つの理論は古典光学と呼ばれ，上記 [1] の（a）〜（f）の場合を取り扱う．

【量子光学】　量子力学を用いた光学現象を記述する．すなわち光を光子とみなして光の吸収とともに光の放出，光エネルギーの量子力学的揺らぎなどの現象を扱う．

【非線形光学】　上記 [1] の（d）とは異なり，光強度が大きくなり物質の光学応答特性が非線形性を示す現象を記述する．ただし非線形性を示すのは光で

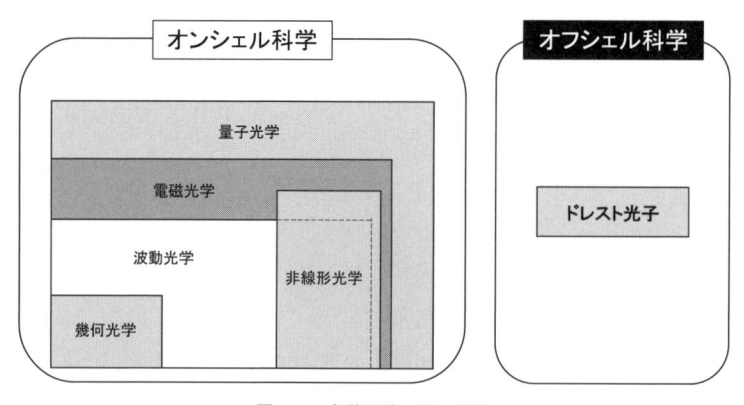

図 1.1　光学理論の間の関係

なく物質なので，これは光学理論というよりは光を使うための物性理論の一分野と考える方が妥当である．

以上の光学理論の関係を図 1.1 にまとめるが，第 2〜4 章の扱う分野はオンシェル（on-shell）科学，第 5〜9 章の扱う分野はオフシェル（off-shell）科学と呼ばれている．後者は前者の拡張ではなく，オフシェル科学の研究とそれを利用した技術開発の実際はオンシェル科学とは相反している（第 8 章参照）．

あえて両者の間での共通点を挙げるとするとそれは光がかかわっていることであろう．従って新しい光である DP を学ぶ前に光に関する従来の理論を学んでおいた方が便利である．しかし重ねて注意を喚起すると，そこに潜む前提およびそれがもたらす限界に気が付かないと従来の理論から学ぶ知識は DP を学ぶ際の障害となる．

2

古典光学とその限界

　光が真空中，物質中を伝搬する様子を説明する理論は各々波動光学，電磁光学と呼ばれているが，本章では物質の光学異方性を扱わないので二つの理論を合わせて説明する．なお，第5章以降の内容を理解するには，光を伝搬の観点からとらえるのは不適切であり，考えている空間に満ちる光の「場」という考え方が必要であることから，本章では光を「場」として捉え，電磁場と考えて記述する．その後に古典光学に潜む前提とそれがもたらす限界を指摘する．

2.1　光の性質を表す諸量

　光は互いに結合した二つのベクトル（電場と磁場）からなる電磁波として記述できる．真空中や巨視的寸法・均一な物質中では光は横波であり，これらのベクトルは図2.1に示すように光の伝搬方向とは垂直な方向に振動し，また時間的にも振動しながら遠方へ伝搬する．ただし光は自然界で最も速く伝搬することから，飛んでいく光の矢の先頭の動きを測定することは不可能である．すなわち誰も光の波の伝搬を見てはいない．しかし空間を満たす光のエネルギー分布であれば測れるであろう．したがって伝搬する波としてよりも空間を満たす「場」と考えた方が妥当である[*1]．以下ではこの考え方に基づき，光の性質を表す諸量について概説する．

[*1]　電磁気力は近接作用をもたらす．すなわち電気的な力（クーロン力）は真空中かつ遠方にある荷電粒子にも瞬時に働く．これを説明するには電磁場の考え方が必要であることから，光も場と捉えられている．なお電磁気力は光速度で伝搬することから本文のように表現した．

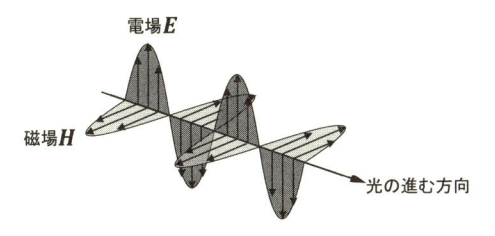

電場$\boldsymbol{E}$

磁場$\boldsymbol{H}$

光の進む方向

図 2.1 光を構成する電場と磁場の振動, 伝搬

2.1.1 真 空 中

(1) マクスウェル方程式

電磁場としての光はマクスウェル方程式で表される. それは真空中では電場ベクトル $\boldsymbol{E}\,(\boldsymbol{r},t)$, 磁束密度ベクトル $\boldsymbol{B}\,(\boldsymbol{r},t)$ に関する次の四つの方程式である.

$$\nabla \cdot \boldsymbol{E} = 0 \tag{2.1a}$$

$$\nabla \cdot \boldsymbol{B} = 0 \tag{2.1b}$$

$$\nabla \times \boldsymbol{E} = -\frac{\partial \boldsymbol{B}}{\partial t} \tag{2.1c}$$

$$\nabla \times \boldsymbol{B} = \varepsilon_0 \mu_0 \frac{\partial \boldsymbol{E}}{\partial t} \tag{2.1d}$$

ただし

$$\nabla = \left(\frac{\partial}{\partial x}, \frac{\partial}{\partial y}, \frac{\partial}{\partial z} \right) \tag{2.1e}$$

である. ここで ε_0 は真空の誘電率, μ_0 は真空の透磁率であり, 電束密度 $\boldsymbol{D}\,(\boldsymbol{r},t)$, 磁場 $\boldsymbol{H}\,(\boldsymbol{r},t)$ は各々 $\boldsymbol{D} = \varepsilon_0 \boldsymbol{E}$, $\boldsymbol{B} = \mu_0 \boldsymbol{H}$ で定義される.

(2.1) より真空中を伝わる波であることを表す波動方程式

$$\nabla^2 \boldsymbol{E} - \varepsilon_0 \mu_0 \frac{\partial^2 \boldsymbol{E}}{\partial^2 t} = 0 \tag{2.2a}$$

$$\nabla^2 \boldsymbol{H} - \varepsilon_0 \mu_0 \frac{\partial^2 \boldsymbol{H}}{\partial^2 t} = 0 \tag{2.2b}$$

が得られる. ただし

$$\nabla^2 = \frac{\partial^2}{\partial x^2} + \frac{\partial^2}{\partial y^2} + \frac{\partial^2}{\partial z^2} \tag{2.2c}$$

である.

(2.2) の最も簡単な解は波面が平面である波

$$E\left(r,t\right) = E_0 \cos\left(\omega t - k \cdot r\right) \tag{2.3a}$$

$$H\left(r,t\right) = H_0 \cos\left(\omega t - k \cdot r\right) \tag{2.3b}$$

である [*2]. ここで波面とは振動の位相（(2.3) 右辺のカッコ中の量）が一定値を取るすべての位置 r からなる面であり，(2.3) ではそれが平面なので平面波と呼ばれている．ω は角周波数，k は波数ベクトルである．数式表示の簡便化のために指数関数を使うと (2.3a) は

$$E\left(r,t\right) = E_0 \exp\left(-ik \cdot r\right) \exp\left(i\omega t\right) \tag{2.4}$$

と複素表示できる [*3]．この実部が (2.3a) に等しい．(2.3b) についても同様に表示できる．

　球面波は波面が球面の波であり，点光源から発生する．その電場の振幅は (2.4) にならうと

$$E\left(r,t\right) = \frac{E_0}{r} \exp\left(-ik \cdot r\right) \exp\left(i\omega t\right) \tag{2.5}$$

と複素表示できる．ここで r は点光源からの距離である．

(2) 偏　光

　光は伝搬方向に垂直な面内で振動する波（横波）なので，その面内で方向性のある振動をする．z 方向に進む平面波について，その振動の偏り，すなわち偏光の性質を考える．

　(2.4) をもとに z 方向に伝搬する横波の光の電場ベクトル $E\left(x,y,z,t\right)$ $\left[= \left(E_x, E_y, 0\right)\right]$ を

$$E = E_0 \exp\left\{i\left(\omega t - kz\right)\right\} \tag{2.6}$$

と表し，x–y 面内で振動する振幅 E_0 を

$$E_0 = \left(E_{0x}, E_{0y}, 0\right) \tag{2.7}$$

[*2]　$\cos(\omega t - k \cdot r)$ の代わりに $\cos(k \cdot r - \omega t)$ と書いてもよい．前者は電気工学，後者は物理学などでよく使われている．

[*3]　オイラーの公式 $e^{i\theta} = \cos\theta + i\sin\theta$ の右辺の実部 $\cos\theta$ を左辺の $e^{i\theta}$ に読み替えて使っている．(2.4) を時間微分すると $i\omega E(r,t)$ となり，時間微分の演算子 $\partial/\partial t$ は $i\omega$ を掛けることに相当する．この微分演算の記法は電気工学などでよく使われている．上記脚注 (*2) のように $\cos(k \cdot r - \omega t)$ を使う場合，(2.3a) を複素表示すると $E(r,t) = E_0 \exp(ik \cdot r)\exp(-i\omega t)$ となる．この場合，時間微分の演算子 $\partial/\partial t$ は $-i\omega$ を掛けることに相当する．

と表す. ここで k は波数 ($\equiv \boldsymbol{k}$) である. さらに x, y 成分を

$$E_{0x} = a_x \exp\left(i\psi_x\right) \tag{2.8a}$$

$$E_{0y} = a_y \exp\left(i\psi_y\right) \tag{2.8b}$$

と書く. ここで両者の位相差を

$$\psi = \psi_x - \psi_y \tag{2.9}$$

とすると, この ψ の値によって次のように偏光状態が表される.

a. 直線偏光

$$\psi = 2m\pi \text{のとき （m は整数）}, \quad E_y = \frac{a_y}{a_x} E_x \tag{2.10}$$

$$\psi = (2m+1)\pi \text{のとき}, \quad E_y = -\frac{a_y}{a_x} E_x \tag{2.11}$$

これらは E_x と E_y が比例することを表す式なので直線偏光と呼ばれている.

b. 円偏光

$a_x = a_y (\equiv a)$, $\psi = \pm\pi/2 + 2m\pi$ のとき

$$E_x = a \cos\left(\omega t - kz + \psi_x\right) \tag{2.12a}$$

$$E_y = \mp a \sin\left(\omega t - kz + \psi_x\right) \tag{2.12b}$$

と書けるので,

$$E_x^2 + E_y^2 = a^2 \tag{2.13}$$

となる. これは半径 a の円を表す式なので, 円偏光と呼ばれている. 複号 $\pm$ のうち $+$ の場合, $-$ の場合は各々右まわり, 左まわりの円偏光である.

c. 楕円偏光

上記 b において $a_x \neq a_y$ の場合は楕円偏光になる. さらに ψ の値が b と異なる場合には楕円の形状は

$$\left(\frac{E_x}{a_x}\right)^2 + \left(\frac{E_y}{a_y}\right)^2 - 2\frac{E_x E_y}{a_x a_y} \cos\psi = \sin^2\psi \tag{2.14}$$

となり, 長軸, 短軸の方向が x, y 軸から傾いた楕円を表している.

(3) 波長と周波数

波長 λ は空間的な振動の一単位の長さであり，波数 $k (\equiv |\boldsymbol{k}|)$ により

$$\lambda = \frac{2\pi}{k} \tag{2.15}$$

と表される．赤，緑，青の色の光の真空中での波長は各々約 680 nm，510 nm，450 nm である．

周波数 ν は単位時間当たり振動する回数であり，角周波数 ω により

$$\nu = \frac{\omega}{2\pi} \tag{2.16}$$

と表される．

(4) 位相速度

位相速度 v は位相が時間の変化とともに移動する速度であり波長と周波数の積により

$$v = \frac{\omega}{k} = \nu\lambda \tag{2.17}$$

と表される．特に真空中での位相速度 c は

$$c = \frac{1}{\sqrt{\varepsilon_0 \mu_0}} \tag{2.18}$$

である．ここで

$$\varepsilon_0 = 8.855418782 \times 10^{-12} (\text{F/m}) \tag{2.19a}$$

$$\mu_0 = 4\pi \times 10^{-7} (\text{H/m}) \tag{2.19b}$$

なので，これらを (2.18) に代入すると

$$c = 2.99792458 \times 10^8 (\text{m/s}) \tag{2.20}$$

を得る．

(5) エネルギー密度と運動量

単位体積あたりの光のエネルギー密度 W（J/m^3）は電気的エネルギー密度と磁気的エネルギー密度の和として

$$W = \frac{\varepsilon_0}{2} |\boldsymbol{E}|^2 + \frac{\mu_0}{2} |\boldsymbol{H}|^2 \tag{2.21}$$

により与えられる．電場が x 方向に直線偏光している場合，マクスウェル方程

式によれば磁場ベクトルは y 方向成分 H_y しかもたず,それは

$$H_y = \sqrt{\frac{\varepsilon_0}{\mu_0}} E_x \tag{2.22}$$

と表されることを用いると,(2.21) のエネルギー密度は光の波の振動の周期 $T\,(=2\pi/\omega)$ にわたって平均をとることにより

$$W = \frac{\varepsilon_0}{2} E_0^2 \tag{2.23}$$

となる.ここでは (2.21) 右辺第 1 項の電気的エネルギーと第 2 項の磁気的エネルギーが互いに等しいことを使った.

エネルギーの流れはポインティングベクトル

$$\boldsymbol{S} = \boldsymbol{E} \times \boldsymbol{H} \tag{2.24}$$

により与えられる.また,これを用いると電磁的運動量は

$$\boldsymbol{p}_e = \frac{\boldsymbol{S}}{c^2} \tag{2.25}$$

となる.単位断面積あたりの平均パワー,すなわち強度 I $(\mathrm{W/m}^2)$ は,(2.24) で与えられるエネルギーの流れの大きさ $|\boldsymbol{S}|$ を振動の周期 T にわたって平均することにより

$$I = \frac{\sqrt{\varepsilon_0/\mu_0}}{2} E_0^2 \tag{2.26}$$

となる.また同様に電磁的運動量の平均値は

$$p_e = \frac{I}{c^2} = \frac{W}{c} \tag{2.27}$$

となる.

(6) 群速度

エネルギーが進む速度は群速度と呼ばれ,これは位相速度とは異なる.光パルスの場合を考えてみればよい.光パルスは多数の周波数をもつ光の波の重ね合わせで表されることから,角周波数 ω と波数 k とは互いに比例関係にはなく,ω は一般に k の関数であり

$$\omega = \omega(k) \tag{2.28}$$

なる関係をもつ.このとき,光パルスの伝搬する速度が群速度であり

$$v_g = \frac{d\omega}{dk} \tag{2.29}$$

により与えられる．なお，光の量子論（3.4節）によると光のエネルギーの最小単位は $\hbar\omega$（(3.128) では周波数 ν を用いて $h\nu$ と表記．$\hbar = h/2\pi$，h はプランクの定数．3.1節参照）であり，また運動量は $\hbar k$ であることから，(2.28) は光の運動量とエネルギーの間の分散関係と呼ばれている．なお角周波数 ω と波数 k が比例する場合には (2.17) が成り立つ．

2.1.2 物　質　中

光を使うにはそれを検出することが必須である．検出の簡単な方法は眼で見て光の色を認識することである．色といえば光の波長を考えればよいと思われがちだがこれは正しくない．異なる波長の光でも人間の眼がこれを見分けなければ色の違いにはならないからである．すなわち色というものは，光が眼に入り，それによって生じた神経興奮が大脳に伝えられたときに初めて生じる感覚であるので，光の波長は色とは同じ意味ではない．

なお，光の量子論（3.4節）によれば光の周波数，すなわちエネルギーは光源の性質によって決まり光が伝搬する物質の性質には依存しない．すなわち真空中でも物質中でも同じ値をとるので，光の色を表すには周波数を使うべきである．しかし光の周波数は数 $10\,\mathrm{THz} \sim 100\,\mathrm{THz}$（T は 10^{12} を表す）という大きな値をとり測定が容易ではないことから，従来は概略値を測定することができる波長が使われている．

(1) 分極と電気双極子モーメント

光の検出にはそのための物質，装置が必要なので，以下では物質中の光について考える．ここでは物質の微視的な構成要素を念頭においた議論が必要となる．すなわち物質は原子，電子，原子核（イオン）などからなるので，これらが電荷をもつ場合，電場が発生する．また電荷が運動すると磁場が発生するので，その発生の様子をマクスウェル方程式に反映させ，電荷の運動と発生する電磁場とを相互矛盾のないように求める必要がある．この作業を容易にするため，光の波長は原子の寸法よりずっと長いことに注目し，電子やイオンは空間的に平均化して扱う．この平均化は長波長近似と呼ばれている．

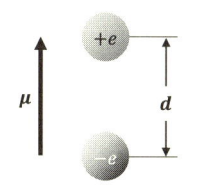

図 **2.2** 電気双極子モーメント

たとえば誘電体の中の原子,電子は化学結合により互いに束縛されており,電場があっても自由に動くことはできないが,正負の電荷は平衡位置からわずかにずれる.こうして生ずる電荷の偏りは分極と呼ばれている.分極によって作られる正負の電荷の対は電気双極子と呼ばれている.その定量的表現は図 2.2 に示す電気双極子モーメント $\boldsymbol{\mu} = e\boldsymbol{d}$($e$ は電子の電荷,$\boldsymbol{d}$ は電子の平衡位置からの変位)で与えられる.分極 $\boldsymbol{P}$ は単位体積中の電気双極子モーメントのベクトル和

$$\boldsymbol{P} = \sum_i \boldsymbol{\mu}_i \tag{2.30}$$

である.電束密度は

$$\boldsymbol{D} = \varepsilon\boldsymbol{E} = \varepsilon_0\boldsymbol{E} + \boldsymbol{P} \tag{2.31}$$

であり,ε は物質の誘電率である.また $\boldsymbol{P} = \varepsilon_0\chi\boldsymbol{E}$ と表すことができる.ここで χ は電気感受率である.このとき比誘電率 $\varepsilon_r\,(\equiv \varepsilon/\varepsilon_0)$ は

$$\varepsilon_r = 1 + \chi \tag{2.32}$$

となる.

なお,磁化 $\boldsymbol{M}$ がある場合

$$\boldsymbol{B} = \mu_0\,(\boldsymbol{H} + \boldsymbol{M}) \tag{2.33}$$

となる.

(2) 屈折率

電場 $\boldsymbol{E}$,磁場 $\boldsymbol{H}$ を複素数表示すると誘電率も複素数になるので,複素誘電率を $\tilde{\varepsilon} = \varepsilon + i\sigma/\omega$ により定義すると物質中のマクスウェル方程式は誘電率 ε,透磁率 μ_0,電気伝導度 σ(電荷の動きやすさを表す定数)を用いて

$$\nabla \cdot \boldsymbol{E} = 0 \tag{2.34a}$$

$$\nabla \cdot \boldsymbol{B} = 0 \tag{2.34b}$$

$$\nabla \times \boldsymbol{E} = -\frac{\partial \boldsymbol{B}}{\partial t} \tag{2.34c}$$

$$\nabla \times \boldsymbol{B} = \tilde{\varepsilon}\mu_0 \frac{\partial \boldsymbol{E}}{\partial t} \tag{2.34d}$$

となる. なお本書では主に透磁率 μ が真空の透磁率 μ_0 に等しい物質を扱うので $\mu = \mu_0$ とした. また

$$\sqrt{\frac{\tilde{\varepsilon}}{\varepsilon_0}} = n - i\kappa \tag{2.35}$$

である. ここで虚部の κ は消衰係数と呼ばれている.

実部の n は屈折率であり真空中の位相速度 c と物質中の位相速度 v の比

$$n = \frac{c}{v} \tag{2.36}$$

により与えられる. なお, 光の周波数は光源の性質によって決まり光が伝搬する物質の性質には依存しないので, 位相速度が異なることは物質中での光の波長 λ が真空中での値 λ_0 と異なることに対応する. 従って

$$n = \frac{\lambda_0}{\lambda} \tag{2.37}$$

とも表される. 上記のように $\mu = \mu_0$ なので

$$n = \sqrt{\frac{\varepsilon}{\varepsilon_0}} \tag{2.38}$$

と表すことができる.

2.2 光の場とモード

マクスウェル方程式は微分方程式なので対象としている物質の形・大きさによって決まる境界条件, 光源の周波数・物質の屈折率などの物理量の値を代入して積分すれば考えている空間 (すなわち物質や真空) 中の光の電場の振幅や光のエネルギーの分布を求めることができる. この分布は光の「場」の形を表し「モード」と呼ばれている. 古典光学の目的の一つは 1.2 節 [1] の (a)〜(f) の範囲でこのモードを求めることである. 本節ではこのような光の場とモードの例について記す.

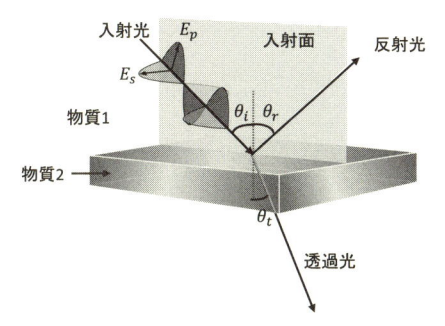

図 2.3　反射と透過，および p 偏光と s 偏光の方向

2.2.1　物質の平面界面の両側での光の場

　無限遠方にある光源から出た光が物質 1 中を長距離進んだ後は，これを平面波と近似してよい．この光が図 2.3 に示すように物質 1 と物質 2 の平面状の界面に入射角 θ_i にて入射する場合を考える．ここで二つの物質は半無限の寸法をもつ．この場合，光の一部は界面に反射され物質 1 中を逆戻りしていく．従って物質 1 中の場は入射光と反射光によって構成される．これらを合成した光の振幅，エネルギーの分布 (モード) が物質 1 中の光の場を表す．

　両物質の屈折率が各々 n_i, n_t の場合，界面に反射された光の進む方向を表す角度 θ_r は

$$\theta_i = \theta_r \tag{2.39}$$

である．すなわち入射角と反射角は互いに等しい．

　入射光のうちの一部は上記のように反射するが，残りは物質 2 中に入り込んで透過光となる．すなわち透過光が物質 2 中の光の場となる．この光の進む方向を表す透過角 θ_t は

$$n_i \sin \theta_i = n_t \sin \theta_t \tag{2.40}$$

により与えられる．これはスネルの法則と呼ばれている．次に入射光，反射光，透過光をあわせて考え，さらにそれらの偏光方向も考慮する．これらの光の電場ベクトルのうち，光の進む方向の面内に平行な成分，垂直な成分は各々 p 偏光，s 偏光と呼ばれている．ここで界面に平行な電場成分と磁場成分は界面の両側で連続でなければならないという境界条件をマクスウェル方程式に課して解くと p 偏光，s 偏光に関する光の波の振幅の反射係数 r_p, r_s, 透過係数 t_p,

t_s が各々

$$r_p \equiv \frac{E_{rp}}{E_{ip}} = \frac{n_t \cos\theta_i - n_i \cos\theta_t}{n_t \cos\theta_i + n_i \cos\theta_t} \tag{2.41a}$$

$$r_s \equiv \frac{E_{rs}}{E_{is}} = \frac{n_i \cos\theta_i - n_t \cos\theta_t}{n_i \cos\theta_i + n_t \cos\theta_t} \tag{2.41b}$$

$$t_p \equiv \frac{E_{tp}}{E_{ip}} = \frac{2n_i \cos\theta_i}{n_t \cos\theta_i + n_i \cos\theta_t} \tag{2.42a}$$

$$t_s \equiv \frac{E_{ts}}{E_{is}} = \frac{2n_i \cos\theta_i}{n_i \cos\theta_i + n_t \cos\theta_t} \tag{2.42b}$$

のように得られる．これらはフレネル係数と呼ばれている．

光のパワーの反射率，透過率は上記の反射，透過係数の値の 2 乗を用い

$$R_p = |r_p|^2 \tag{2.43a}$$

$$R_s = |r_s|^2 \tag{2.43b}$$

$$T_p = \left(\frac{n_t \cos\theta_t}{n_i \cos\theta_i}\right) |t_p|^2 \tag{2.44a}$$

$$T_s = \left(\frac{n_t \cos\theta_t}{n_i \cos\theta_i}\right) |t_s|^2 \tag{2.44b}$$

で与えられる．

入射角に対する (2.41), (2.42) の各係数の値を図 2.4 に示す．なお，ここで

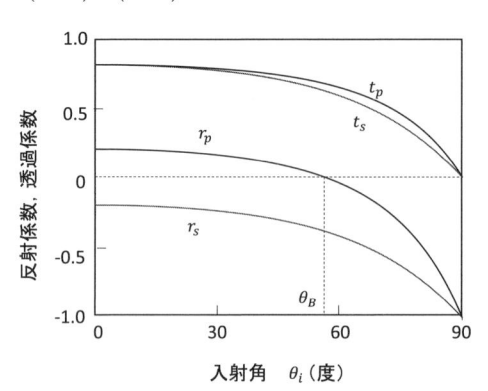

図 **2.4**　反射係数，透過係数の入射角依存性
$n_i = 1.0$, $n_t = 1.5$ の場合．

は $n_i < n_t$ の場合を示した. 図中, 入射角が θ_B のとき, $r_p = 0$ となっている.
すなわち s 偏光成分のみが反射する. この角度 θ_B はブリュースタ角と呼ばれ

$$\tan\theta_B = \frac{n_t}{n_i} \tag{2.45}$$

で与えられる (この式は 2.3.5 項で導出する). なお, $n_i > n_t$ の場合, ある角
度 θ_c 以上では p 偏光, s 偏光とも反射係数が 1.0 となる. すなわち $\theta_i \geq \theta_c$ で
はすべての入射光は境界面で反射し, 物質 2 への透過光はない. この現象は全
反射と呼ばれている. θ_c は臨界角と呼ばれ, スネルの法則

$$n_i \sin\theta_i = n_t \sin\theta_t \tag{2.46}$$

に $\theta_t = 90°$ を代入すれば

$$\theta_c = \sin^{-1}\left(\frac{n_t}{n_i}\right) \tag{2.47}$$

が得られる.

図 2.3 の特別な場合として, 図 2.5 のように光の波が物質 1 を伝搬し, 物質
2 の平面表面に垂直入射する場合を考える. ここで物質 2 として電気伝導体製
かつ反射率 100%の鏡を考えると, 入射光は全反射する. このとき境界面での
光の電場ベクトルの平面方向成分は 0 でなくてはならないので (電気伝導体で
は電荷は留まらないので), 反射光の電場の振幅は入射光と逆位相になる. 従っ
て入射光の電場を

$$u_1(z,t) = a_1 \cos(\omega t - kz) \tag{2.48}$$

と表すと, 反射光の電場は

$$u_2(z,t) = a_1 \cos(\omega t + kz + \pi) \tag{2.49}$$

となる. すなわち物質 1 中の光の電場はこれらの和

$$u = u_1 + u_2 = 2a_1 \cos\omega t \sin kz = a_1(e^{i\omega t} + e^{-i\omega t})\sin kz \tag{2.50}$$

で表される. この式中 $\cos\omega t$ は光の時間的振動を表している. $\sin kz$ は光の空
間分布を表すが, これは時間の関数ではないことから, この光の空間的な形状,
すなわちモードが時間とともに移動せず振幅が空間的に正弦状に分布している

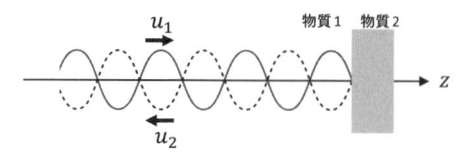

図 2.5 定在波発生の説明

ことを表す．このような光は定在波と呼ばれている．すなわち，この波の振幅
の最大値，最小値の位置は常時各々 $z = (m + 1/2)\lambda/2$，$z = m\lambda/2$ の位置に
ある．ただし $m = 0, 1, 2, 3, \cdots$ である．これらの位置は各々腹，節と呼ばれて
いる．

以上をまとめると，図 2.5 は図 2.3 の場合と異なり入射光と反射光の進む方
向が平行かつ全反射が起こっていることから，図 2.3 にくらべ光の場の閉じ込
めの度合いが大きく，従ってモードの形を表す腹と節の位置が絶えず一定なの
である．

2.2.2　開口の後ろの空間の光の場

図 2.6 のように $z = 0$ の位置に開口（平面状平板に穴の開いている部分）Σ
があり，その前面にある光源 S からの光が Σ に到達すると，光の一部は Σ を
通り抜ける．ここでは Σ の後ろの空間に作られる光の場について考える．

座標 $(x_1, y_1, 0)$ で表される開口 Σ 中の点 P での光の電場を複素表示して
$u(x_1, y_1, 0)$ と表し，これが点光源となり，$z > 0$（開口 Σ の後面側）では球
面波が発生すると考える．開口 Σ の後ろの空間での光の場を求めるために，Σ
から距離 z 離れた位置に平面 Σ' を考える．この球面波の光の電場の Σ' 面内
成分は (2.5) を参照すれば $u(x_1, y_1, 0) \{\exp(-ikr)/r\} \cos\gamma$ と書ける．k は波
数，r は点 P と Σ' 内の点 Q（その座標は (x_2, y_2, z)）との間の距離，γ は PQ
の方向と z 軸の間の角度である．

点 P は Σ 全体に分布するので，点 Q での光電場 $u(x_2, y_2, z)$ は Σ 全体から
の球面波の和によって与えられる．すなわち Σ 全体にわたって面積分し

$$u(x_2, y_2, z) = a_0 \iint_\Sigma u(x_1, y_1, 0) \frac{\exp(-ikr)}{r} \cos\gamma \, dx_1 dy_1 \qquad (2.51)$$

となる．a_0 は比例係数である．この式は Σ の後ろの空間の光の場のモードを
表している．ただしこの式中の積分を実行することは容易ではないので，次の

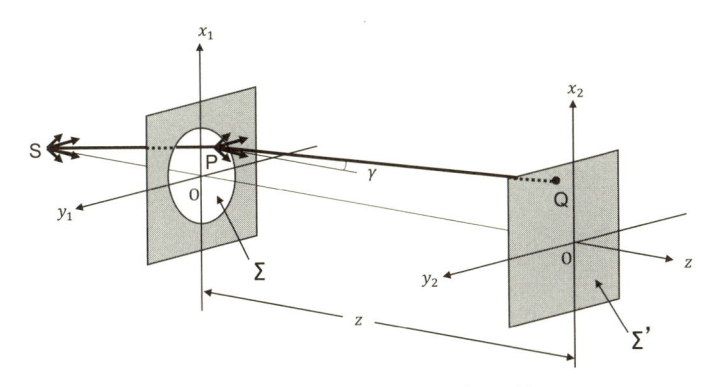

図 2.6 穴の開いた板 Σ からの光の回折

二つの近似を使う.

（1）近軸近似： 点 Q は z 軸付近にあり，さらに PQ は z 軸とほぼ平行とする．このとき

$$\gamma \cong 0, \cos\gamma \cong 1 \tag{2.52}$$

と近似でき，従って (2.51) の被積分関数中の分母の $r\,(=z/\cos\gamma)$ は z としてよい.

（2）フラウンホーファ近似： Σ' は十分遠くにあるとする．すなわち，開口 Σ の面積を A と表すと

$$z \gg \frac{A}{\lambda} \tag{2.53}$$

が成り立つような場合である．このとき (2.51) の被積分関数中の指数関数の中の r は

$$r \cong z + \frac{x_2^2 + y_2^2}{2z} - \frac{x_2 x_1 + y_2 y_1}{z} \tag{2.54}$$

と近似できる.

以上の近似を使うと (2.51) は

$$u\,(x_2, y_2, z) = A_0\,(x_2, y_2, z) \iint_{\Sigma} u\,(x_1, y_1, 0) \exp\left(ik\frac{x_2 x_1 + y_2 y_1}{z}\right) dx_1 dy_1 \tag{2.55}$$

となる．ここで $A_0\,(x_2, y_2, z)$ は積分変数 x_1, y_1 に依存しない量をまとめたものである．この式を使うと，方形開口や円形開口を通り抜け，その後ろの半無限空間にある光の振幅分布，すなわち光の場のモードが計算できる.

　ここで (2.55) とフーリエ変換との関係を調べてみよう. そのために以下では光の場のモードの位置 z における断面分布を求める. $z = 0$ の面内で Σ の外では $u(x_1, y_1, 0) = 0$ なので, (2.55) の積分限界は $-\infty \sim +\infty$ としてよい. さらに位置 z における断面の座標 (x_2, y_2) を

$$f_x \equiv -\frac{x_2}{\lambda z} \tag{2.56a}$$

$$f_y \equiv -\frac{y_2}{\lambda z} \tag{2.56b}$$

なる変数 f_x, f_y により書き換えると (2.55) は

$$\begin{aligned}
& u(x_2, y_2, z) \\
& = A_0(x_2, y_2, z) \iint_{-\infty}^{\infty} u(x_1, y_1, 0) \exp\left\{i2\pi (f_x x_1 + f_y y_1)\right\} dx_1 dy_1
\end{aligned}$$
$$\tag{2.57}$$

となる. これは変数 (x_1, y_1) で表される二次元空間から変数 (f_x, f_y) への二次元フーリエ変換の式になっている. ここで f_x, f_y は空間フーリエ周波数と呼ばれている. すなわち, 近似 (1), (2) が成り立つ場合, 位置 z における光の電場の断面分布 $u(x_2, y_2, z)$ は Σ 上の光の電場分布 $u(x_1, y_1, 0)$ のフーリエ変換である.

　フーリエ変換の性質はよく知られているが, これを復習するため一次元の場合について考えよう. すると (2.57) 中の積分変数は x_1 のみとなり, 積分の結果は $u(x_2, z)$ と表される. たとえば開口の幅が a の場合, 積分の結果を二乗して光の強度の断面分布を求めると

$$I(x_2, z) = I_0 \sin c^2 \frac{a x_2}{\lambda z} \tag{2.58a}$$

ただし

$$\sin cX \equiv \frac{\sin \pi X}{\pi x X} \tag{2.58b}$$

となる. この結果を図 2.7 に示す. 光強度は $x_2 = 0$ において最大となり, また 0 となるのは

$$x_2 = \pm \lambda \frac{z}{a} \tag{2.59}$$

の位置である. この x_2 は a に反比例するので, これは小さい開口を通り抜け

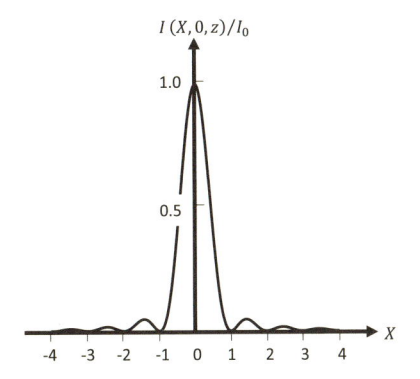

図 **2.7** 方形開口からの回折パターンの断面強度分布

た光はその後ろの空間では大きく広がることを意味する．すなわち，開口を通り抜けた光の波は広がって伝搬し，開口の後ろにも回りこむ性質をもつ．この性質は回折と呼ばれている．開口の中心からみた (2.59) の位置の方向角は

$$\theta = \frac{\lambda}{a} \tag{2.60}$$

となる．これは広がりの程度の目安を与え，回折角と呼ばれている．

フーリエ変換は線形かつ因果関係の成り立つ系に適応できるが，ここで扱っている回折の現象もそれに対応する．すなわち Σ 内での光の電場分布の寸法は a，その後ろの光の場の広がりの大きさは (2.60) の θ に他ならないから，それらを Δx_1，$\Delta\theta$ と表すと

$$\Delta x_1 \cdot \Delta\theta = \lambda \tag{2.61}$$

となる．右辺は光の波長であり開口の大きさなどとは独立の値である．これは回折の原因となる開口中の光の寸法と，結果としてのその後ろの空間での光の場の広がりの大きさが互いに反比例するという因果関係を表している．言い換えると原因と結果の間の不確定性関係（3.2.1 項 (4) 参照）である．

上記のように光の波は広がろうとする性質をもつので，伝搬する光ビームを凸レンズで集光してもピントのボケが生じ，凸レンズの後ろにある空間での光の場の断面寸法は 0 にはならない．それは凸レンズが開口 Σ の役割をし，回折するからである．凸レンズの焦点面上での光ビームの直径は

$$\Delta x_0 = \frac{1.22\lambda}{\sin\alpha} \tag{2.62}$$

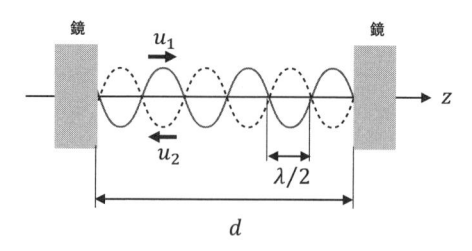

図 2.8　ファブリ・ペロー干渉計の構成

で与えられる．ここで α は光源または焦点面から見込んだ凸レンズの大きさを表す広がり角であり，凸レンズの焦点距離を f とすると，$\sin\alpha = a/\sqrt{f^2 + a^2}$ である．

(2.62) によると，光ビームの直径は光の波長 λ 程度以下には小さくならないことがわかる．これは回折限界と呼ばれている．なお，この $\sin\alpha$ と凸レンズ材料の屈折率 n との積 $n\sin\alpha$ は開口数（NA）と呼ばれており，凸レンズが光を集め得る性能を表す尺度である．NA の値は通常 1 以下である．

2.2.3　共振器と導波路の中の光の場

図 2.5 の定在波の節の位置では光の電場の振幅は 0 であるので，そこにもう一つの鏡（物質 2）を置いても定在波の分布は乱れない．すなわち図 2.8 のように合わせ鏡を考え，そこに光を入射すると定在波が閉じ込められる．この合わせ鏡はファブリ・ペロー干渉計，または光の共振器と呼ばれている．この共振器の中では左右に進む光は鏡を何回も往復し，互いに干渉している．干渉縞の光の振幅が大きいところ，小さいところ（すなわち明るいところ，暗いところ）が各々定在波の腹，節である．往復回数が多いほどこの干渉縞の明暗のコントラストが大きくなる．鏡の反射率が高いほど光の電場の振幅が減少しにくく，従って往復回数が多くなるので干渉縞のコントラストが増加する．なお，図 2.8 によると定在波の波長 λ と共振器長さ d との間には

$$\frac{m\lambda}{2} = d \tag{2.63}$$

の関係がある．すなわち，長さ d の共振器の中には (2.63) を満足する波長の光しか存在し得ない．ただし m はいろいろな整数値をとるので，(2.63) を満たす限りいろいろな波長の光が存在を許される．そのような光の場は共振器のモー

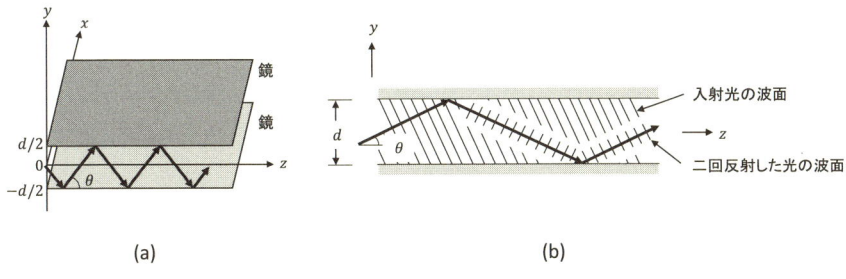

図 **2.9** 二枚の平面鏡からなる導波路の構成
(a) 見取り図. (b) 断面図.

ド, 整数 m はモード番号と呼ばれている. 合わせ鏡の間の空間は半無限寸法と
はいっても図 2.3 の場合とは異なり, 図 2.8 の z 軸方向に光の場は二つの物質 2
によって閉じ込められている. 従って前節までのようにどのような周波数, 波
長の光の場でも存在しうるのではなく, 整数 m によって規定される光の場, す
なわち定在波のみが存在を許されている. すなわちモードが連続から離散的に
なる.

次に図 2.9 に示すように互いに平行な二枚の平面鏡からなる最も簡単な導波
路について考える（ただし以下の議論は円筒状の導波路, 光ファイバ導波路な
どに対しても成り立つ）. これらの鏡の配置は図 2.8 と同様であるが, 外部か
らの光は両鏡の間の隙間に (2.47) の臨界角以上の入射角をもって斜め入射させ
る. すると光は各鏡の表面で全反射するので, 光は二枚の鏡の間の隙間に閉じ
込められ導波される. ただしこのように斜めに進む光に関して, 二枚の鏡の表
面に垂直方向に進んでいく成分は図 2.8 のように合わせ鏡の間で定在波を形成
する必要がある. そのためには (2.63) に相当する条件は

$$\sin \theta_m = \frac{m\lambda}{2d} \tag{2.64}$$

となる. なお, ここでは垂直方向成分の波数が $(2\pi/\lambda)\sin\theta$ であることを使っ
た. すなわちこの場合にも整数 m によって規定される光の場, すなわち定在波
のみが存在を許されている. (2.64) は第 m 次のモードの光の進む方向の角度を
与える. 整数 m は導波路中を進む光のモード番号である. この式中 $\sin\theta_m \leq 1$
なので, m の取り得る最大値 M は

$$M = \left[\frac{2d}{\lambda} \right] \tag{2.65}$$

である. ここで [ ] はカッコ内の数値に満たない最大の整数を表す. 従って M は導波されうる光のモードの数を表す. モード数は d とともに増加するが, 逆に $d < \lambda/2$ では $M = 0$ となるので定在波は存在せず, 光は導波されない. この場合, 導波路は遮断導波路, さらに $2d$ に等しい波長 λ_c は遮断波長と呼ばれている. $\lambda/2 < d \leqq \lambda$ のとき一つのモードのみが導波されるので, これは単一モード導波路と呼ばれている.

▶2.3　物質中の光の性質の起源

物質中の光の性質は光に対する物質の応答の特性に起因する. すなわち物質中の光の電場により電子が揺り動かされ, この電子は電場を作るので, それが新たな光を放射する. このように光が物質中にあると光と膨大な数の電子との相互作用が生ずるのである.

2.3.1　電気双極子とその振動

古典光学では振動する電気双極子の考え方を使って上記の相互作用が調べられている. 量子論の知見によると電子は原子核のまわりにまとわりついて運動する雲のような存在であるが, これに光が当たると (電場が加わると) 原子核に対して電子の雲の位置がずれる. 古典光学ではこれを電気双極子が形成されると捉える. ここで電子と原子核の間に復元力が働くが, この様子を記述するには原子核と電子をばねでつないだ調和振動子として扱う. これはローレンツモデルと呼ばれている. これによると電子の位置 $\boldsymbol{X}$ の時間的変化を表す運動方程式は

$$m \left(\frac{d^2 \boldsymbol{X}}{dt^2} + \gamma \frac{d\boldsymbol{X}}{dt} + \omega_0^2 \boldsymbol{X} \right) = -e\boldsymbol{E}_0 \exp(i\omega t) \tag{2.66}$$

となる. ここで $\boldsymbol{E}_0$, ω は各々電場の振幅, 角周波数である. ここでは 2.1.2 節 (1) に記した長波長近似を用い $\boldsymbol{E}_0$ は一定とした. ω_0 はばねの固有角周波数である. γ は減衰定数であり, これは結晶格子の振動による電子の散乱などに起因する. $\boldsymbol{X} = \boldsymbol{X}_0 \exp(i\omega t)$ と表すとこの方程式の解は

$$\boldsymbol{X}_0 = \frac{-e\boldsymbol{E}_0/m}{\omega_0^2 - \omega^2 + i\omega\gamma} \tag{2.67}$$

となる. これは複素数であるが, このことは電場の振動に対して電子の位置の振動の位相が遅れることを意味している. また, 振動の様子は次の周波数特性をもつ.

◎ $\omega \ll \omega_0$: 　振動子は外場に追随, 同位相でわずかに振動.

◎ $\omega = \omega_0$: 　振動は外場から位相が $\pi/2$ 遅れる. 振幅が増加.

◎ $\omega \gg \omega_0$: 　振動の位相はさらに遅れ逆位相 (位相遅れ π) になる.

このとき分極 $\boldsymbol{P} = -eN\boldsymbol{X}$ なので誘電率は複素数

$$\tilde{\varepsilon} = \varepsilon_0 + \frac{Ne^2/m}{\omega_0^2 - \omega^2 + i\omega\gamma} \equiv \varepsilon_1 - i\varepsilon_2 \tag{2.68}$$

となる. ここで実部 ε_1 は次の周波数特性をもつ.

◎ $\omega_0 \pm \gamma/2$ で極大, 極小.

◎ $\omega < \omega_0 - \gamma/2$, $\omega > \omega_0 + \gamma/2$ で勾配が正. これは正常分散と呼ばれている.

◎ $\omega_0 - \gamma/2 < \omega < \omega_0 + \gamma/2$ で勾配が負. これは異常分散と呼ばれている.

なお, 実部 ε_1, 虚部 ε_2 は互いに独立ではなくクラマース・クローニッヒの関係と呼ばれる次の関係式に従う.

$$\varepsilon_1 = 1 + \frac{2}{\pi} P \int_0^\infty \frac{\omega' \varepsilon_2(\omega')}{\omega'^2 - \omega^2} d\omega' \tag{2.69a}$$

$$\varepsilon_2 = -\frac{2\omega}{\pi} P \int_0^\infty \frac{\varepsilon_1(\omega') - 1}{\omega'^2 - \omega^2} d\omega' \tag{2.69b}$$

ただし

$$P \int_0^\infty d\omega' \equiv \lim_{\delta \to 0} \left(\int_0^{\omega - \delta} d\omega' + \int_{\omega + \delta}^\infty d\omega' \right) \tag{2.69c}$$

である.

次に, 屈折率 n, 真空中の波長 λ_0 を用いて光の波の電場を

$$E = E_0 \exp\left[i\left(\omega t - kr\right)\right] = E_0 \exp\left[i\left(\omega t - \frac{2\pi n}{\lambda_0} x\right)\right] \tag{2.70}$$

と表し, 透過光の振幅の減衰と屈折率の関係を調べる. そのために (2.35) にならい複素屈折率を

$$N \equiv n - i\kappa \tag{2.71}$$

と定義する．この実部，虚部は各々屈折率 n，κ は消衰係数である．このとき物質中の透過光の電場は

$$E = E_0 \exp\left[i\left(\omega t - \frac{2\pi N}{\lambda_0}x\right)\right] = E_0 \exp\left(-\frac{2\pi\kappa}{\lambda_0}x\right)\exp\left[i\left(\omega t - \frac{2\pi n}{\lambda_0}x\right)\right] \tag{2.72}$$

と表される．これは x とともに減衰するが，この減衰が光の吸収を表している．このとき光強度は

$$I = |E_0|^2 \exp\left(-\frac{4\pi\kappa}{\lambda_0}x\right) \tag{2.73}$$

と表される．これより吸収係数を

$$\alpha = \frac{4\pi\kappa}{\lambda_0} \tag{2.74}$$

と書くことができる．またこの物質への光の侵入深さは $d_p = 1/\alpha$ により与えられる．(2.68) の複素誘電率の実部，虚部は各々

$$\varepsilon_1 = n^2 - \kappa^2 \tag{2.75a}$$

$$\varepsilon_2 = 2n\kappa \tag{2.75b}$$

となる．

なお，固体中では電子は個々の原子に属するのではなく，結晶全体に広がっている．さらに電子と正孔が相互作用する結果，多様な固有角周波数 ω_i をもった調和振動子が発生する．各調和振動子の存在の割合を振動子強度 f_j（重み付け係数）により表すと，全体の誘電率は

$$\varepsilon = \varepsilon_0 + \sum_j \frac{Ne^2/m}{\omega_j^2 - \omega^2 + i\omega\gamma_j}f_j \tag{2.76}$$

で与えられる．

さて，金属は電気伝導体なのでその中の電子は自由に動き回り伝導電流が発生する．この運動を表すにはローレンツモデルにおいて復元力を取り除く．これはドルーデモデルと呼ばれている．その結果調和振動をしなくなるので $\omega_0 = 0$ となり，解は

$$\tilde{\varepsilon} = \varepsilon_0 - \frac{Ne^2/m}{\omega\,(\omega - i\gamma)} \tag{2.77}$$

となる. ω が光の角周波数に相当する領域では散乱の効果は小さいので $\gamma = 0$ とし, プラズマ角周波数を

$$\omega_p = \sqrt{\frac{Ne^2}{m\varepsilon_0}} \tag{2.78}$$

と定義すると複素誘電率は

$$\tilde{\varepsilon} = \varepsilon_0 \left(1 - \frac{\omega_p^2}{\omega^2}\right) \tag{2.79}$$

となる.

この値は次の周波数特性をもつ.

◎ $\omega < \omega_p$: 誘電率は負の実数, 従って屈折率は純虚数となる. すなわち光電場は導体中で速やかに減衰し内部に侵入できない. また散乱の効果も小さいので光の吸収も起こらない. 従って光はすべて表面で反射し, 表面は金属らしい光沢を示す.

◎ $\omega = \omega_p$: 誘電率 0, すなわち屈折率 0 である. これは波長が無限大であること, すなわちすべての電子が同位相で集団的に運動することを意味する.

◎ $\omega > \omega_p$: 屈折率は実数となり, 光が侵入し伝搬できる. つまり金属らしい性質は示さない.

なお, プラズマ角周波数は縦波の自由振動の固有角周波数でもある. この振動は分極と反電場が結合した結果である. すなわち自由電子の分極によって反電場が発生し, その反電場が分極の復元力として働いている. 実際は $\gamma \neq 0$ なのでこれを考慮して屈折率, 消衰係数, 反射率の値が求められている.

ローレンツモデル, ドルーデモデルにより表される電気双極子が振動すると電荷が加速されるので, 電気双極子から光が発生する. すなわちシンクロトロン放射と同様の現象が生じ, これは電気双極子放射と呼ばれている. 放射された光の電場を表す電気力線の時間変化を追うと図 2.10 のようになり, 電場は閉じた電気力線の和として空間に放出される. 放出された光は入射する外場の ω と同じ角周波数をもつ. 電気双極子放射の強度の空間分布は図 2.11 のようにドーナツ型となる.

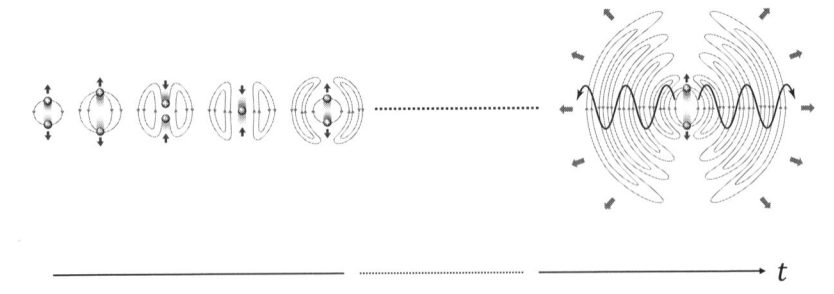

図 2.10　電気双極子放射

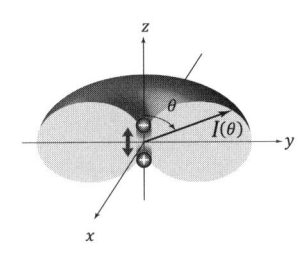

図 2.11　ドーナツ状の放射強度パターン

2.3.2　物質中の光が前方に進む起源

　前項末尾に記した電気双極子放射をもとに，本項～2.3.5項では光を一旦「場」から「伝搬する波」と捉えなおし，物質中を進む光の起源について考えよう．波長より小さく互いに独立な粒子による光の散乱はレーリー散乱と呼ばれるが，これをもとに物質中を進む光の起源が理解される．

　まず稀薄な物質におけるレーリー散乱について考える．その物質の中では原子，分子の間隔が波長以上であり，光はその中を進む．入射光，散乱光を各々一次波，二次波と呼ぶことにすると，この物質中を進む光は各原子，分子からの二次波の足し合わせ（合成散乱光）に相当する．このとき二次波の前方散乱成分は同位相であり，一次波と同方向に進む．従って二次波の前方散乱成分は互いに強め合う．一方，後方散乱成分の位相はバラバラである．すなわち二次波の後方散乱成分は互いに打ち消しあう．

　次に高密度物質中では密集した原子，分子から散乱する多数の二次波が干渉する．この結果さらに側方散乱成分も打ち消しあう．すると一次波の伝搬方向と一致する前方散乱光成分のみが生き残る．すなわち高密度で均一な媒質中で

は前方散乱以外の散乱はなく，これが光が物質中を前方に進む起源である．

2.3.3 屈折率の起源

　光の波長は伝搬する物質によって異なる．その異なり方の度合いを表すのが屈折率 n であるが，その異なり方を知るには光と物質の相互作用を考える必要がある．すなわち物質に光が入射すると無数の電気双極子が誘起され，これらが位相をそろえて規則正しく振動するので，これらが源となり新たな光を発生する．この光と入射光との重ね合わせが物質中の光である．その波長は無数の電気双極子が位相をそろえて振動する様子によって決まり，(2.37) 中の λ で表される．上記の電気双極子の振動の位相は入射光の位相に比べ一般には遅れるので，屈折率は光に対する物質の応答の位相遅れを表す尺度にもなっている．

　誘電体を例にとると二次波の前方散乱成分が一次波とともに前方に伝搬するので，両者の和が透過光となる．ここで二次波の前方散乱成分はすべての電気双極子放射の足し合わせである．一次波と二次波をあわせた透過光の振幅 E_t と位相 δ_t の周波数特性は

$$\omega < \omega_0 : E_t \cong E_i, \delta_t < 0$$

$$\omega = \omega_0 : E_t は極小, \delta_t = 0$$

$$\omega > \omega_0 : E_t \cong E_i, \delta_t > 0$$

であり，これより

$\omega < \omega_0$：透過光の位相速度 $v < c$, 屈折率 $n\,(= c/v) > 1$, 波長 $\lambda_t\,(= \lambda_0/n) < \lambda_0$

$\omega > \omega_0$：透過光の位相速度 $v < c$, 屈折率 $n\,(= c/v) < 1$, 波長 $\lambda_t\,(= \lambda_0/n) > \lambda_0$

となる．

2.3.4 反射の起源

　2.2.1 項の反射の起源について考える．二つの物質が接する界面では 2.3.2 項の場合とは異なり後方散乱成分も強め合い，後ろ向きに進む光の波を形成する．この現象が反射である．この様子を図 2.12 に示す．すなわち入射光が界面

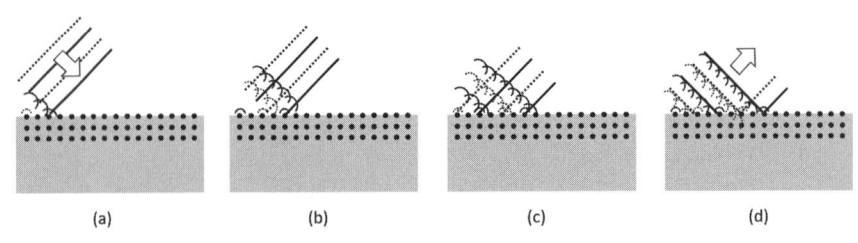

図 **2.12** 界面での後方散乱成分の重ね合わせとしての反射

表面の原子にあたると，電気双極子が形成されて二次波が発生する．全原子からの二次波のうちの後方散乱成分が重ね合わさり，反射光の波面が形成され，反射光となって進んでいくのである．なお，表面からずっと奥の原子からの二次波の後方散乱成分は互いに打ち消しあうので反射光には寄与しない．実際には光の半波長程度以内の表面の原子のみが反射光の形成に寄与している．

2.3.5 ブリュースタ角の起源

2.2 節の透過の現象のうちブリュースタ角 θ_B においてなぜ $r_p = 0$ となるかを考える．すなわち，p 偏光の光によって物質 2 の表面付近に電気双極子が発生するが，図 2.13 に示すように，入射角が θ_B のときには電気双極子の振動方向は反射光の伝搬方向と平行になる．このとき電気双極子が放射する光の波の進行方向は振動方向と垂直なので，この図の方向に透過光が発生して進んでいく．図 2.11 からもわかるように振動方向と平行方向（図 2.11 の z 軸方向）には放射しないので，反射光は発生しないのである．このとき $\theta_B + \theta_t = \pi/2$ であることから (2.40) において $n_i \sin\theta_B = n_t \sin(\pi/2 - \theta_B)$，すなわち $n_i \sin\theta_B = n_t \cos\theta_B$ となり (2.45) が得られる．

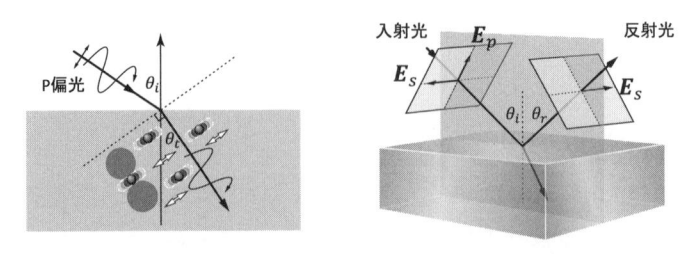

図 **2.13** 電気双極子放射とブリュースタ角

2.4 古典光学に潜む前提とそれがもたらす限界

　古典光学は 1.2 節 [1] の条件 (a)～(f) を満たす範囲で発展してきたので，理論モデルはこれらの条件に対応する前提を含んでいる．本節では前節までの議論の中に潜む前提のうち，第 5 章以降の議論と関連するものを以下に列挙する．次にナノ寸法の小さな領域に存在する光であるドレスト光子（DP）の性質を調べる際に注意すべき上記の前提とそれがもたらす限界を記す．さらに，対応する DP の事情を記す．

　(1) マクスウェル方程式（2.1.1 項）

　マクスウェル方程式は時間，空間に関する微分方程式なので，その解を求めるには時間積分，空間積分が行われることを前提としている．この方程式に初期条件と境界条件を課せばこの積分値が得られるが，積分は平均化の操作であるので，平均化のための時間範囲，空間範囲内で大きく変動している光の場は記述できない．1.2 節 [1] の条件 (a)，(b) を満たす範囲ではこれらの揺らぎは小さいという前提に相当するが，これが理論の限界を与える．さらに対象としている空間の境界が閉じており，その性質が完全にわかっていなければ境界条件が成立しないこと，またその空間は巨視的寸法をもっていることを前提としている．

　【DP の事情】　時間的（6.1 節），空間的（6.2.1 項）に大きく変動しているので上記の前提が成り立たない [*4)]．

　(2) 光の波長と原子の寸法の関係 (2.1.2 項)

　光の波長は原子の寸法よりずっと大きいことから電子やイオンを空間的に平均化して扱っている．これは 2.1.2 項 (1) に記した長波長近似である．また物質の微視的構造は分極，電気双極子モーメントといった物理量によって記述されているが，これも光の波長や光のエネルギーの空間的分布の寸法（すなわち光の場の寸法）が電気双極子モーメントの長さ d よりずっと長いことに基づく

---

*4)　第 9 章 [6]，[7] に関連する最近の研究によると，DP の性質をより詳しく調べるためには相対論的効果を取り入れる必要があることがわかっている．すなわち 1.2 節 [1] の条件 (e) の範囲を超えた議論が必要となってきている．

長波長近似によっている.

【DP の事情】　　DP のエネルギーの局在する寸法が光の波長よりずっと小さいので（6.2.1 項），長波長近似は成り立たない.

（3）電気双極子の数（2.3.1 項）

一つの電気双極子の振動を扱っているが 1.2 節 [1] の条件 (a) を満たす大きな物質中には多数の電気双極子が発生する．古典光学ではこれらの電気双極子の振動の特性は同じと仮定している．すなわち光と相互作用する電子の数は膨大であるものの，電子の振る舞いは物質中のどこでも同一という前提を課している.

【DP の事情】　　DP が発生する物質は微小なので（6.1 節），電子の振る舞いはその物質の中の場所によって異なり，電気双極子の振動の特性は互いに異なる.

（4）因果性（2.3.1 項）

クラマース・クローニッヒの関係は線形性（1.2 節 [1] の条件 (d)）と因果性が成り立つときに有効である．特に因果性については，現象の原因となるのは光源から発生した光，結果となるのは物質中を伝搬して光検出器に入射し光検出器から発生する出力信号である．古典光学ではこの因果性を前提としている.

【DP の事情】　　DP の検出には二つの互いに近接した微小寸法物質の一方に発生する DP のエネルギーが他方に移動し，その後外部に散逸することを利用する（図 6.1(b)）．このとき二つの微小寸法物質は DP を介して互いに結合するので，光源，光検出器の区別がつかず，因果性は成り立たない.

（5）前方散乱（2.3.2 項）

1.2 節 [1] の条件 (a) が成り立つ場合，二次波の前方散乱成分は互いに強め合い，後方散乱成分は互いに打ち消しあう.

【DP の事情】　　DP が発生する物質は微小，かつその形は立体的なので（図 6.1(a)）並進対称性が破れ，前方のみでなく後方にも，また側面にも散乱光が現れる．並進対称性の破れは物質の内部構造が不均一な場合に生ずる.

上記のうち (2)，(3)，(5) は 1.2 節 [1] の条件 (a) に対応した前提である．すなわち古典光学の議論は，物質の寸法が光の波長よりずっと大きく，またその構造が均一であり，界面が大きな平面である場合を前提としていた．従ってその物質には同じ性質を示す電気双極子が無数，物質中に均一に発生する.

しかし上記の【DP の事情】においてすでに触れたように，物質寸法が小さくなるとこのような前提が崩れ，古典光学の限界が露呈する．すなわち電気双極子は物質の小さな寸法を維持するために窮屈そうにその大きさと向き，相互の間隔を決めている．以下では物質の寸法が小さくなること，さらに界面が平面ではなくなり並進対称性が崩れることに注目し，予想される新たな現象を提示する．そのためにまず古典光学に潜む前提を記し，さらに，対応する DP の事情を記す．

（ア）波長と屈折率

波長は光の基本的な物理量ではない．これは 2.1.2 項 (b) に記したように光の場が存在する物質が光の波長以上の大きな寸法をもつ場合においてもすでに指摘されている．

【DP の事情】　波長以下の小さい物質の場合にはさらに違った観点で屈折率も基本的な物理量ではなくなる．なぜならばこのように物質の寸法が波長以下である限り，その中の光の振動の長さを表す波長は意味がないからである．また，誘起される電気双極子の大きさや向きがバラバラとなるので，位相をそろえて振動しない．すなわち入射光に対する物質の応答の位相遅れ量が見積もれない．このことは屈折率も定義できないことを意味している．

（イ）反射

光の反射，透過について考える場合，二つの物質の寸法は半無限でありその界面は無限に広がった大きな平面であることを前提としている．すなわち界面に無数の電気双極子が規則正しく並んでいる．この界面に光が入射した場合，そこから複数の二次波，すなわち散乱光が発生する．これらが互いに干渉した後に生き残る前方散乱成分が透過光，後方散乱成分が反射光となる．電気双極子が無数ある場合，透過光が界面から離れる方向に進み，反射光は界面から逆戻りする．

【DP の事情】　DP が発生する物質は微小，かつその形は立体的なので電気双極子の数は少なく，界面に対していろいろな方向に進む光の強度が増えていく．

（ウ）ブリュースタ角

図 2.13 には一つの電気双極子しか記されていないが，これは界面に沿って無

数の電気双極子が規則正しく並ぶことを前提としている．それはもちろん入射光のビームの直径，さらに物質界面が電気双極子の寸法よりずっと大きいという前提に起因する．その結果，多数の電気双極子の向きは同じで，その振動の位相は互いにそろっている．このように位相が互いにそろっている結果，すべての電気双極子は同じ振る舞いをし，それらから発生した光は互いに強め合って角度 θ_t の方向のみに進む．

【DP の事情】　　DP が発生する物質は微小，かつその形は立体的なのでこれらの振動の位相は不揃いになり，角度 θ_t の方向に進む光の振幅は小さくなる．一方，角度 θ_r の方向に進む光が発生する．すなわち $r_p \neq 0$ となり得る．

（エ）全反射にかかわる論点

2.2.1 項において $\theta_i \geq \theta_c$ で全反射が起こる際，従来の古典光学では界面の物質 2 側にエバネッセント光と呼ばれる表面波が発生することが次のように指摘されている．$\theta_i \geq \theta_c$ ではスネルの法則（2.46）を満たす屈折角 θ_t は存在しないが，あえて数学の手段に訴えて虚数を使い

$$\cos\theta_t = \pm i\sqrt{\frac{\sin^2\theta_i}{n^2} - 1} \tag{2.80}$$

と表してみる．$n\,(\equiv n_t/n_i)$ は相対屈折率と呼ばれており，ここではその値は 1 より小さい．透過光の電場ベクトルは

$$E(x,t) = E_{0t}\exp[i\{\omega t - k_t(x\sin\theta_t + z\cos\theta_t)\}] \tag{2.81}$$

と表されるので，これに（2.80）を代入すると

$$E(x,t) = E_{0t}\exp\left(\mp k_t z\sqrt{\frac{\sin^2\theta_i}{n^2} - 1}\right)\exp\left[i\left(\omega t - k_t x\frac{\sin\theta_i}{n}\right)\right] \tag{2.82}$$

を得る．

この式右辺の第一の指数関数中には複号 $\pm$ があるが，＋ の場合，$z \to \infty$ では右辺の値が無限大になるので － のみを採用する．その結果，第一の指数関数は図 2.14 に示すように z 軸方向に指数関数的に減衰する振幅を表す．第二の指数関数は x 方向に進む平面波であることを表す．すなわち (2.82) は平面波を表すが，これをエバネッセント光と呼んでいるのである．その波長は

$$\lambda_x = \frac{\lambda_i}{\sin\theta_i} \tag{2.83}$$

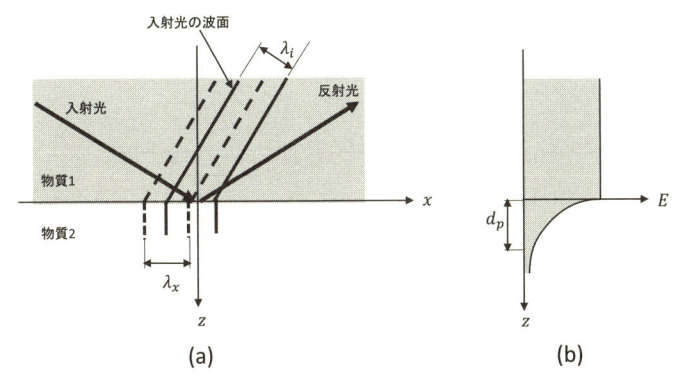

図 2.14 全反射界面におけるエバネッセント光の発生
(a) 波面. (b) 振幅の z 依存性.

である. また, 物質 2 への侵入深さ d_p は, $z = 0$ における電場振幅の値の e^{-1} になる条件から

$$d_p = \frac{\lambda_i}{2\pi n} \bigg/ \sqrt{\frac{\sin^2 \theta_i}{n^2} - 1} \tag{2.84}$$

である.

以上の論点について考えるために, 古典光学では波長より寸法の大きな空間, 領域, さらには物質を対象としていることを思い出そう (1.2 節 [1] の条件 (a)). この空間, 領域の境界における光の場の値を境界条件として用いマクスウェル方程式を解けば光の場のモードが求められる. すなわち古典光学が扱うのはこのようにして求められる空間, 領域の内部での光の場であり, 界面の構造, 形状は境界条件を設定する役割を果たしている. 言い換えると古典光学は界面における光の場自体を議論する体系になっていない.

エバネッセント光は界面に存在する光の場なので空間, 領域のモードという概念と相入れない. 上記ではあえてそれを説明するために, (2.80) により数学の手段に訴えたのであるが, それは古典光学の枠組みから逸脱している [*5].

このように (2.83), (2.84) などのエバネッセント光の性質を表す式は古典光

[*5] その結果得られた (2.82) 中の + 符号を廃棄しているが, 電磁気学の基礎をなす相対論的量子力学では時空反転の不変性からこれは許されないことに注意しよう. 電子または光子の場を例にとると, 複号の一方がこれらの粒子の生成, 他方が消滅に相当するのである (3.4.2 項冒頭およびその脚注 (p.62~64)).

学から逸脱して得られたにもかかわらず，依然として波長，屈折率などの物理量が使われているので，実際には古典光学の枠組みから逸脱しきっていないことがわかる.

【DP の事情】　DP はナノ物質表面，界面に局在することからエバネッセント光と同じと思われるかもしれないが，エバネッセント光に関する上記の指摘と第 5 章以下の議論とを比べ「非なるもの」であることを認識して頂きたい.古典光学では上記のように波長よりずっと大きな無限平面の界面を考えていた.そこに光が入射すると無数の電気双極子が発生するがそれらは規則正しく周期的に並ぶ.　その周期は入射光の波長に依存する.　この配列がエバネッセント光の源となる.　この観点から光と物質との相互作用を考察すれば上記の境界条件が決まるはずであるが，古典光学ではこの議論が十分ではない.

　一方 DP が発生する物質の界面は小さく，さらには三次元形状である.　従ってこの物質に光が入射すると少数の電気双極子が発生し，それらが互いに相互作用して配置が決まるが，それは入射光の波長ではなく物質の形，構造に依存する.　これが DP の源なので，上記のエバネッセント光における光と物質との相互作用とは異なる考察をしなければならない.　すなわち DP はエバネッセント光とは無縁であり，波長，屈折率などの古典光学，オンシェル科学の物理量を使って表すことはできない.

　（オ）回折

　(2.53) に示すように Σ と Σ' の間の距離は十分長いことを前提としていた.これが短くなると，近似 (1)，(2) が成り立たなくなり，(2.51) の積分を実行することが容易ではなくなる.　しかしそれでも光の場は開口の後ろの大きな空間にあることに変わりはない.

【DP の事情】　開口 Σ のある板とスクリーン Σ' は上記 (4) に記した光源と光検出器に相当する.　DP の場合には両者は互いに近接しており，さらに光源，光検出器の区別がつかず，因果性は成り立たなくなる.　これを電気双極子の考え方で説明すると次のようになる.　Σ と Σ' の間の距離がさらに短くなると，単に数学的の演算としての積分の容易さどころの話ではなくなる.　すなわち，入射光により開口の縁に誘起された電気双極子が発生する光の影響，さらにスクリーンに到達した光によりスクリーン表面に誘起される電気双極子が発生す

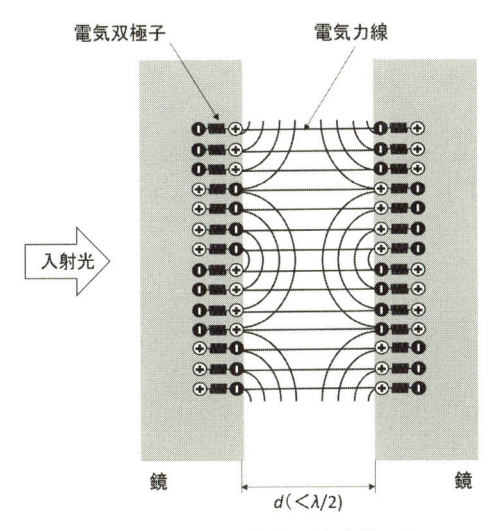

図 2.15 共振器表面の電気双極子と主要な電気力線 （$d < \lambda/2$ の場合）

る光の影響，ひいてはこれらの電気双極子間の相互作用の効果を考える必要がある．この効果は次項（カ），（キ）にも記す．

（カ）共振器

$\lambda/2$ 以上の長さをもつ共振器を前提としている．すなわち (2.63) において $m=1$ のときが共振器の長さは最短になり，これは定在波の波長の半分（$\lambda/2$）の長さである．

【DP の事情】　DP の発生する物質の寸法は λ に比べずっと小さい．$\lambda/2$ 以下の長さの共振器内には定在波は存在しえないことから，$\lambda/2$ 以下の寸法の空間には共振器は定義できない．なお，二枚の鏡が $\lambda/2$ 以下になり接近してくると，図 2.15 に示すように外部からの入射光により鏡の表面に無数発生した電気双極子が互いに相互作用する．その結果，定在波とは異なる新しい光の場が発生する．

（キ）導波路

図 2.9 では光線が斜め方向にジグザグに進んでいる様子を示し，定在波の性質を使って導波路の特性を説明した．すなわち二枚の鏡の間隔が $\lambda/2$ 以上の値であることを前提としている．ただし，光を光線で表すことは正確ではない．すなわち光は光線としてジグザグに進むわけでなく波として二枚の鏡の間をまっ

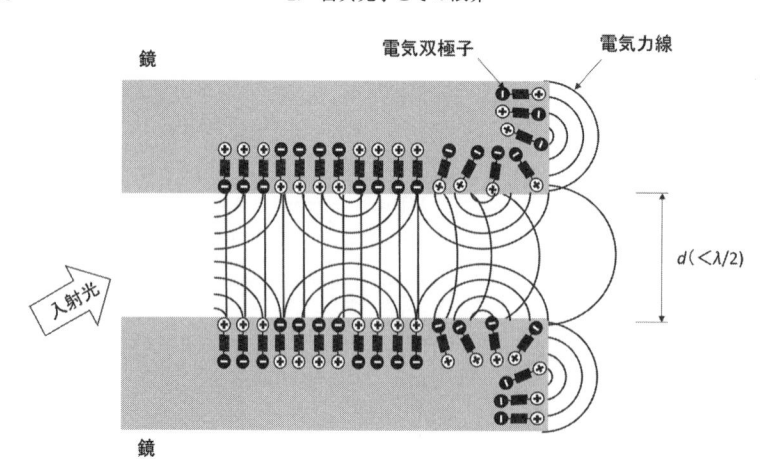

図 2.16 導波路表面の電気双極子と主要な電気力線 ($d < \lambda/2$ の場合)

すぐ進むと考えた方が適切である. また, 進む方向と断面内での光の波の振幅はモードによって決まる分布をもっている.

【DP の事情】 共振器の場合と同様にこの導波路の二枚の鏡が接近し, その間隔が $\lambda/2$ 以下になると, 定在波は存在しない. さらに図 2.16 に示すようにと同様に外部からの入射光により二枚の鏡の表面に無数発生した電気双極子が互いに相互作用する. その結果, 定在波とは異なる光の場が発生する.

3 量子光学とその限界

　物質からの光の放出，さらには光強度が小さい場合の現象を扱うため，本章ではまず量子力学について解説し，その適用例として物質中の電子のエネルギーの値を求める．次に光と電子との相互作用について述べ，さらに光の吸収のみでなく放出の確率についても記す．その後この相互作用の記述のために必須となる光の量子化，すなわち量子光学へと進む．これにより光を量子場として記述することができる．また，光と物質との相互作用を記述するために電子の第二量子化についても言及する．最後に量子力学，量子光学に潜む前提とそれがもたらす限界を指摘し，第 5 章以降を学ぶ準備とする．

3.1　量子力学の要請

　量子力学では次の四つの要請のもとに理論が展開されている．

　≪要請 1≫

　系の状態は粒子の座標 r，および時間 t を変数とする波動関数 $\Psi(r, t)$ によって表される．これは有限な複素数値をとり一次微分まで連続な関数である．なお，これは波動関数とはいっても 2.1 節の波動方程式の解ではなく，考えている系の状態を表す関数である．従ってこれは第 6 章以降では状態関数とも呼ばれている．時間 t において位置 r を含む微小な体積 dv の中に粒子が見いだされる確率は $P(r, t)\, dv$ である．ここで

$$P(r, t) = \frac{|\Psi(r, t)|^2}{\int |\Psi(r, t)|^2 dv} \tag{3.1}$$

は確率密度である．分母は考えている空間全体にわたる体積積分を表す．波動

表 3.1　古典力学の物理量と量子力学の演算子との対応の例

	物理量	演算子
座標	x	x
	y	y
	z	z
運動量	p_x	$-i\hbar\dfrac{\partial}{\partial x}$
	p_y	$-i\hbar\dfrac{\partial}{\partial y}$
	p_z	$-i\hbar\dfrac{\partial}{\partial z}$
エネルギー	E	$i\hbar\dfrac{\partial}{\partial t}$

関数はさらに境界条件

$$\Psi(\pm\infty, t) = 0 \tag{3.2}$$

を満たす.

《要請 2》

古典論における基本的な物理量には演算子が対応する. すなわち任意の力学的変数 A は一般に粒子の座標 $\boldsymbol{r}$, 運動量 $\boldsymbol{p}$, 時刻 t の関数 $A(\boldsymbol{r}, \boldsymbol{p}, t)$ であるが, これに対応する演算子は $\boldsymbol{r}$, $\boldsymbol{p}$ を演算子 $\hat{\boldsymbol{r}}$, $\hat{\boldsymbol{p}}$ に置き換えた $\hat{A}(\hat{\boldsymbol{r}}, \hat{\boldsymbol{p}}, t)$ である. 基本的な演算子の例を表 3.1 に示す.

《要請 3》

波動関数はシュレーディンガー方程式

$$\hat{H}\Psi = E\Psi \tag{3.3}$$

を満たす. $\hat{H}$ は系の全エネルギーを表すハミルトニアンである. 表 3.1 中のエネルギーの演算子を使用すると

$$\hat{H}\Psi = i\hbar\frac{\partial\Psi}{\partial t} \tag{3.4}$$

となる. これは時間に依存するシュレーディンガー方程式と呼ばれている. ここで h はプランクの定数と呼ばれ, その値は 6.63×10^{-34} Js である.

《要請 4》

Ψ が演算子 $\hat{A}$ の固有関数である場合, すなわち

$$\hat{A}\Psi = a\Psi \tag{3.5}$$

が成り立つ場合は Ψ の状態で物理量 A を測定すると測定値として $\hat{A}$ の固有値 a が得られる. 一方, Ψ が $\hat{A}$ の固有関数でない場合, 測定値として $\hat{A}$ の固有値 $a_1, a_2, a_3, \cdots$ のいずれか一つの値が得られ, その平均値 (期待値) は

$$\langle A \rangle = \frac{\int \Psi^* \hat{A} \Psi dv}{\int \Psi^* \Psi dv} \tag{3.6}$$

となる (* は複素共役を表す). Ψ が

$$\int |\Psi|^2 dv = 1 \tag{3.7}$$

と規格化されていると

$$\langle A \rangle = \int \Psi^* \hat{A} \Psi dv \tag{3.8}$$

となる.

3.2 量子力学が記述する諸量

本節では量子力学によって記述される事項を列挙する.

3.2.1 波動関数と演算子の性質

(1) 定常状態

ハミルトニアン $\hat{H}$ が時間にあらわに依存しないとき, Ψ は

$$\Psi(\boldsymbol{r}, t) = \psi(\boldsymbol{r}) \exp\left[-i\left(\frac{E}{\hbar}\right) t\right] \tag{3.9}$$

と表される. この場合, 確率密度は

$$|\Psi|^2 = |\psi(\boldsymbol{r})|^2 \tag{3.10}$$

となって時間に依存しない (ここでは Ψ が規格化されているとした). 従って (3.9) の形の波動関数で表される状態は定常状態と呼ばれている.

(2) 演算子のエルミート性

二つの波動関数 $\Psi(\boldsymbol{r}, t)$ と $\Phi(\boldsymbol{r}, t)$ の積に関する積分は Ψ と Φ との内積 (Ψ, Φ) と呼ばれている. すなわち

$$(\Psi, \Phi) = \int \Psi^* \Phi dv \tag{3.11}$$

である. $(\Psi, \Phi) = 0$ の場合, Ψ と Φ とは「直交する」といわれる.

　観測可能な物理量 A に対応する演算子はエルミート演算子である. すなわち任意の波動関数 Ψ, Φ に対し

$$\left(\Psi, \hat{A}\Phi\right) = \left(\hat{A}\Psi, \Phi\right) \tag{3.12}$$

の関係を満たす. 表 3.1 中の演算子はすべてエルミート演算子である. また, エルミート演算子の固有値は実数である.

　演算子 $\hat{A}$ 対して

$$\left(\Psi, \hat{A}\Phi\right) = \left(\hat{B}\Psi, \Phi\right) \tag{3.13}$$

が成り立つ場合, $\hat{B}$ は $\hat{A}$ のエルミート共役演算子と呼ばれ, $\hat{A}^\dagger$ と書く. もし $\hat{A}$ がエルミート演算子であれば

$$\hat{A}^\dagger = \hat{A} \tag{3.14}$$

すなわち自分自身に対してエルミート共役である. エルミート共役は複素数に関する複素共役に相当する. さらに, 自分自身に対してエルミート共役であることは実数がその複素共役に等しいことに相当する.

(3) 完全規格直交系

　任意の関数群 $f_1, f_2, f_3, \cdots$ のうちの二つの関数 f_n, f_m について

$$(f_n, f_m) = \delta_{nm} \tag{3.15}$$

（δ_{nm} はクロネッカーのデルタ）が成り立つ場合, $f_1, f_2, f_3, \cdots$ は規格直交関数系と呼ばれる. また, 直交関数系は一次独立である.

　任意の関数 f が規格直交関数系 $f_1, f_2, f_3, \cdots$ によって

$$f = c_1 f_1 + c_2 f_2 + c_3 f_3 + \cdots = \sum_n c_n f_n \tag{3.16}$$

と展開できる場合, $f_1, f_2, f_3, \cdots$ は完全規格直交関数系と呼ばれる. このとき展開係数 c_n は f_n と f との内積に等しい. すなわち

$$c_n = (f_n, f) \tag{3.17}$$

である.

(4) 交換可能性と不確定性原理

二つのエルミート演算子 $\hat{A}$, $\hat{B}$ の交換関係を表す交換子を

$$\left[\hat{A}, \hat{B}\right] \equiv \hat{A}\hat{B} - \hat{B}\hat{A} \tag{3.18}$$

により定義する．このとき $\hat{A}$, $\hat{B}$ が共通の固有関数をもつならば $\hat{A}$ と $\hat{B}$ は交換可能となり上記の交換子は 0 である．また，この逆も成り立つ．

物理量 A の測定値のばらつきの大きさ（不確定性の大きさ）を，標準偏差

$$\Delta A \equiv \sqrt{\left\langle \left(\hat{A} - \langle A \rangle\right)^2 \right\rangle} = \sqrt{\left(\Psi, \{\hat{A} - (\Psi, \hat{A}\Psi)\}^2 \Psi\right)} \tag{3.19}$$

で表す（$\langle \ \rangle$ は (3.6) の期待値）．

別の物理量 B に関する標準偏差 ΔB と ΔA との積を作ると

$$\Delta A \cdot \Delta B \geq \frac{1}{2}\left|\left(\Psi, i[\hat{A}, \hat{B}]\Psi\right)\right| \tag{3.20}$$

が成り立つ．

(3.20) は状態 Ψ にある系に対して，物理量 A, B を測定したときの不確定性の下限を与える（ハイゼンベルグの不確定性原理）．$\hat{A}$ と $\hat{B}$ とが交換可能（$[\hat{A}, \hat{B}] = 0$）の場合も含めると (3.20) は

$$\Delta A \cdot \Delta B \geq 0 \tag{3.21}$$

となる．

たとえば粒子の位置 x，運動量 p の間には $\Delta x \cdot \Delta p \geq \hbar$ が成り立つ．さらにはエネルギー E，時間 t の間にも $\Delta E \cdot \Delta t \geq \hbar$ が成り立つ[*1]．ここで $\hbar = h/2\pi$ である．

(5) 運動の恒量

物理量 A の演算子 $\hat{A}$ が時間にあらわに依存せず（$\partial \hat{A}/\partial t = 0$），さらにハミ

[*1]　時間 t は過去から未来へと一方的に進む物理量なので x, p, E などの物理量とは異質，従って量子力学的演算子として取り扱うのは不適当でありエネルギー E，時間 t の間には (3.21) のような不確定性関係が成り立たないと思われるかもしれない．しかし，表 3.1 に示すようにエネルギーの演算子は時間微分であり，運動量の演算子は位置微分であることに注意すると，エネルギー E，時間 t の間の不確定性関係は位置 x，運動量 p の間のそれと同様に成り立ち $\Delta E \cdot \Delta t \geq \hbar$ となる．また相対性理論では三次元の位置ベクトル $\boldsymbol{x}$ に時間 t を加えた四次元ベクトルを考え，空間と時間を同等に扱っていることに注意されたい．

ルトニアン演算子と交換可能（$[\hat{H}, \hat{A}] = 0$）な場合，物理量 A は運動の恒量である．すなわち

$$\frac{d\langle A \rangle}{dt} = 0 \tag{3.22}$$

が成り立つ．これは A, $\hat{A}$ が古典力学でのエネルギー保存則，運動量保存則におけるエネルギー，運動量に相当することを意味している．

(6) 波動関数の偶奇性

n 番目の固有値 E_n に対応する定常状態の固有関数 $\psi_n(\boldsymbol{r})$ に関し，n の値によって $\psi_n(\boldsymbol{r})$ が偶関数または奇関数になる性質は偶奇性（パリティ）と呼ばれている．偶奇性はポテンシャルエネルギー演算子 $\hat{U}(\boldsymbol{r})$ が $\boldsymbol{r} = 0$ に対して対称（偶関数）であることに由来する．

(7) 三つの表示方法

波動関数とハミルトニアンの表示方法には次の三種類がある．

a. シュレーディンガー表示

これまで記してきたように波動関数の時間依存性は

$$i\hbar \frac{d}{dt}\Psi_S(t) = \hat{H}\Psi_S(t) \tag{3.23}$$

である．演算子 $\hat{A}_S$ は時間に依存しないので

$$\frac{d}{dt}\hat{A}_S = 0 \tag{3.24}$$

である．

b. ハイゼンベルグ表示

波動関数は時間に依存しないものとして取り扱うので

$$\frac{d}{dt}\Psi_H = 0 \tag{3.25}$$

である．代りに演算子 $\hat{A}_H$ が時間に依存すると考える．その時間依存性はハイゼンベルグ方程式

$$\frac{d}{dt}\hat{A}_H(t) = \frac{i}{\hbar}\left[\hat{H}, \hat{A}_H(t)\right] \tag{3.26}$$

により表される．

c. 相互作用表示

考えている系が外部の系と相互作用する場合に使われる表示方法である．す

なわち非摂動のハミルトニアンを $\hat{H}_0$, 摂動 (相互作用) のハミルトニアンを $\hat{H}'$ として全ハミルトニアンを

$$\hat{H} = \hat{H}_0 + \hat{H}' \tag{3.27}$$

と表すと波動関数, 演算子がともに時間に依存し, その依存性は各々

$$i\hbar\frac{d}{dt}\Psi_I(t) = \hat{H}'_I(t)\Psi_I(t) \tag{3.28}$$

$$\frac{d}{dt}\hat{A}_I(t) = \frac{i}{\hbar}\left[\hat{H}_0, \hat{A}_I(t)\right] \tag{3.29}$$

と表される.

上記の三種類の波動関数の間には

$$\Psi_S(t) = e^{-i(\hat{H}_0+\hat{H}')t/\hbar}\Psi_H = e^{-i\hat{H}_0 t/\hbar}\Psi_I(t) \tag{3.30}$$

の関係が, さらに演算子の間には

$$\hat{A}_S = e^{-i(\hat{H}_0+\hat{H}')t/\hbar}\hat{A}_H(t)e^{i(\hat{H}_0+\hat{H}')t/\hbar} = e^{-i\hat{H}_0 t/\hbar}\hat{A}_I(t)e^{i\hat{H}_0 t/\hbar} \tag{3.31}$$

の関係がある. 特に相互作用ハミルトニアンは

$$\hat{H}'_I(t) = e^{i\hat{H}_0 t/\hbar}\hat{H}'e^{-i\hat{H}_0 t/\hbar} \tag{3.32}$$

である.

ここで相互作用表示の物理量とハイゼンベルグ表示の物理量の変換について考える. そのために演算子関数

$$\hat{U}(t) \equiv e^{-i\hat{H}'t/\hbar} \tag{3.33}$$

を用いると, (3.30) より

$$\Psi_I(t) = \hat{U}(t)\Psi_H \tag{3.34}$$

を得る. また (3.31) より

$$\hat{A}_I(t) = \hat{U}(t)\hat{A}_H(t)\hat{U}^{-1}(t) \tag{3.35}$$

あるいは

$$\hat{A}_H(t) = \hat{U}^{-1}(t)\hat{A}_I(t)\hat{U}(t) \tag{3.36}$$

を得る.

　上記の演算子関数について説明しよう. 変数 x の関数 $f(x)$ が

$$f(x) = \sum_n \frac{f^{(n)}(0)}{n!} x^n \tag{3.37}$$

のようにべき級数展開できるとき, 演算子 $\hat{A}$ の関数 $f(\hat{A})$ を

$$f(\hat{A}) = \sum_n \frac{f^{(n)}(0)}{n!} \hat{A}^n \tag{3.38}$$

によって定義する. これが演算子関数と呼ばれている.

(8) 行列と状態ベクトル

a. 波動関数のベクトル表示

(3.16) の関数 f が波動関数 ψ の場合を考え,

$$\psi \Leftrightarrow |\psi\rangle = \begin{bmatrix} c_1 \\ c_2 \\ c_3 \\ \vdots \end{bmatrix} \tag{3.39}$$

のようにベクトル表示する. これはケットベクトルと呼ばれている. その複素共役 ψ^* は

$$\psi^* \Leftrightarrow \langle\psi| = \begin{bmatrix} c_1{}^* & c_2{}^* & c_3{}^* & \cdots \end{bmatrix} \tag{3.40}$$

と表す. これはブラベクトルと呼ばれている. この方法によると

　ϕ と ψ との内積 $\left(\sum_i d_i\phi_i, \sum_i c_i\psi_i\right)$ は

$$\langle\phi|\psi\rangle = d_1{}^*c_1 + d_2{}^*c_2 + d_3{}^*c_3 + \cdots \tag{3.41}$$

すなわち

$$\int \phi^*\psi dv = (\phi, \psi) = \langle\phi|\psi\rangle \tag{3.42}$$

となる.

　ある演算子 $\hat{A}$ の固有関数群を $\psi_1, \psi_2, \psi_3, \cdots$ として採用する. それらは基礎系と呼ばれており, その規格直交性は単位ベクトル

$$\psi_i \Leftrightarrow |i\rangle = \begin{bmatrix} 0 \\ 0 \\ \vdots \\ 1 \\ \vdots \end{bmatrix} \tag{3.43}$$

の間の内積により

$$\langle i|j\rangle = \delta_{ij} \tag{3.44}$$

と表される.

波動関数 ψ の展開係数は (3.17) より

$$c_m = \langle \psi_m|\psi\rangle \tag{3.45}$$

となる.

b. 演算子の行列表示

$A_{mn} = \left(\psi_m, \hat{A}\psi_n\right)$ を要素とする

$$\hat{A} = \begin{bmatrix} A_{11} & A_{12} & A_{13} & \cdots \\ A_{21} & A_{22} & A_{23} & \cdots \\ A_{31} & A_{32} & A_{33} & \cdots \\ \vdots & \vdots & \vdots & \ddots \end{bmatrix} \tag{3.46}$$

なる行列は, 演算子 $\hat{A}$ の行列表示, あるいは簡単に行列と呼ばれている.

A_{mn} は m 行 n 列要素 ((m,n) 成分) は $A_{mn} = (\hat{A})_{mn}$ であり $\langle \psi_m|\hat{A}|\psi_n\rangle$, $\langle m|\hat{A}|n\rangle$ とも書く. 特にエルミート演算子の行列はエルミート行列なので

$$A_{mn} = A_{nm}{}^* \tag{3.47}$$

となる.

また, エルミート共役演算子 $\hat{A}^\dagger$ はエルミート共役行列

$$\hat{A}^\dagger = \begin{bmatrix} A_{11}{}^* & A_{21}{}^* & A_{31}{}^* & \cdots \\ A_{12}{}^* & A_{22}{}^* & A_{32}{}^* & \cdots \\ A_{13}{}^* & A_{23}{}^* & A_{33}{}^* & \cdots \\ \vdots & \vdots & \vdots & \ddots \end{bmatrix} \tag{3.48}$$

で表される. ただし $(\hat{A}^{\dagger})_{mn} = (\hat{A})^{*}_{nm}$ である. ここで $\hat{A}$ がエルミート演算子の場合, 行列 $\hat{A}$ は行列 $\hat{A}^{\dagger}$ に等しい.

以上のベクトル表示, 行列表示を用いると (3.6) の期待値は

$$\langle A \rangle = \frac{\langle \psi | \, \hat{A} \, | \psi \rangle}{\langle \psi | \psi \rangle} \tag{3.49}$$

で表される.

c. 行列の対角化

任意の演算子 $\hat{A}$ は別の演算子 $\hat{A}_0$ の固有関数群, すなわち基礎系 $\psi_1, \psi_2, \psi_3, \cdots$ ($\hat{A}_0 \psi_i = a_i \psi_i$) を固有関数とするとは限らない. 従ってこの基礎系から演算子 $\hat{A}$ の固有値 $a_1, a_2, a_3, \cdots$, 固有関数 $\psi_1', \psi_2', \psi_3', \cdots$ を求める必要があることが多い. これはある演算子 $\hat{U}$ を用いて

$$\psi_1' = \hat{U} \psi_1, \quad \psi_2' = \hat{U} \psi_2, \quad \psi_3' = \hat{U} \psi_3, \quad \cdots \tag{3.50}$$

により求まるとする. $\hat{U}$ の行列表示を

$$\hat{U} = \begin{bmatrix} U_{11} & U_{12} & U_{13} & \cdots \\ U_{21} & U_{22} & U_{23} & \cdots \\ U_{31} & U_{31} & U_{33} & \cdots \\ \vdots & \vdots & \vdots & \ddots \end{bmatrix} \tag{3.51}$$

とすると, その行列要素は

$$(\hat{U}^{-1})_{ij} = (\hat{U})^{*}_{ji} \tag{3.52}$$

すなわちこれはユニタリ行列である. 従って (3.50) はユニタリ変換と呼ばれる.

ここで斉次方程式

$$\begin{bmatrix} A_{11} - a_i & A_{12} & A_{13} & \cdots \\ A_{21} & A_{22} - a_i & A_{23} & \cdots \\ A_{31} & A_{31} & A_{33} - a_i & \cdots \\ \vdots & \vdots & \vdots & \ddots \end{bmatrix} \begin{bmatrix} U_{1i} \\ U_{2i} \\ U_{3i} \\ \vdots \end{bmatrix} = 0 \tag{3.53}$$

$$(i = 1, 2, 3, \cdots)$$

の係数行列の行列式についての永年方程式

$$\begin{vmatrix} A_{11} - a_i & A_{12} & A_{13} & \cdots \\ A_{21} & A_{22} - a_i & A_{23} & \cdots \\ A_{31} & A_{31} & A_{33} - a_i & \cdots \\ \vdots & \vdots & \vdots & \ddots \end{vmatrix} = 0 \tag{3.54}$$

を解くと固有値 $a_1, a_2, a_3, \cdots$ が得られる.

次に a_i を (3.53) に代入すると比 $U_{1i} : U_{2i} : \cdots : U_{ni}$ が求まる. さらに規格化条件

$$\langle \psi_i' | \psi_1' \rangle = |U_{1i}|^2 + |U_{2i}|^2 + \cdots + |U_{ni}|^2 = 1 \tag{3.55}$$

と組み合わせると, $U_{1i}, U_{2i}, \cdots, U_{ni}$ の値が求まる.

この値を縦に並べると, 固有値が a_i である $\hat{A}$ の固有関数群 (基礎系)

$$|i'\rangle = \begin{bmatrix} U_{1i} \\ U_{2i} \\ U_{3i} \\ \vdots \end{bmatrix} \leftrightarrow \psi_i' = U_{1i}\psi_1 + U_{2i}\psi_2 + U_{3i}\psi_3 + \cdots \tag{3.56}$$

が求まる. これは $\hat{A}$ の固有関数を表すベクトルである.

さらに別の任意の演算子 $\hat{B}$ を, (3.56) で得られた変換後の基礎系 $\psi_1', \psi_2', \psi_3', \cdots$ で行列表示するとその (i, j) 成分は

$$\left(\psi_i', \hat{B}\psi_j' \right) = \left(\hat{U}\psi_i, \hat{B}\hat{U}\psi_j \right) = \left(\psi_i, \hat{U}^\dagger \hat{B}\hat{U}\psi_j \right) \tag{3.57}$$

と変形される. これはもとの基礎系 $\psi_1, \psi_2, \psi_3, \cdots$ によって $\hat{U}^\dagger \hat{B}\hat{U} \left(= \hat{U}^{-1} \hat{B}\hat{U} \right)$ を行列表示したものの (i, j) 成分に相当する.

3.2.2 エネルギー準位

(1) 井戸型ポテンシャル中の粒子

直方体 (各辺の長さ d_x, d_y, d_z) の空洞の内部に質量 m の粒子が閉じこめられ, 壁で弾性反射している場合, 粒子のポテンシャルエネルギーは無限に深い三次元井戸型ポテンシャル

$$V(x,y,z) = \begin{cases} 0 & (0 \le x \le d_x, \quad 0 \le y \le d_y, \quad 0 \le z \le d_z) \\ \infty & (\text{上記以外}) \end{cases} \tag{3.58}$$

で表される．このポテンシャルは時間に依存しないので系は定常状態である．そこで空間のみに依存する波動関数 $\psi(x,y,z)$ を考えればよいが，これはシュレーディンガー方程式

$$-\frac{\hbar^2}{2m}\left(\frac{\partial^2\psi}{\partial x^2} + \frac{\partial^2\psi}{\partial y^2} + \frac{\partial^2\psi}{\partial z^2}\right) + V(x,y,z)\psi = E\psi \tag{3.59}$$

に従う．

系が一次元の場合，境界条件は $\psi_x(0) = \psi_x(d_x) = 0$（(3.2) 参照）なので

$$\psi_x = \sqrt{\frac{2}{d_x}} \sin\left(\frac{\pi n_x x}{d_x}\right) \tag{3.60}$$

$$E_x = \frac{\pi^2\hbar^2}{2md_x{}^2}n_x{}^2 \quad (n_x = 1,2,3,\cdots) \tag{3.61}$$

を得る．両式および図 3.1 からもわかるようにエネルギー固有関数 ψ_x，エネルギー固有値 E_x はともに n_x によって決まる．n_x は量子数と呼ばれている．ここで n_x が奇数，偶数の場合，ψ_x は各々偶関数，奇関数である．すなわち，量子数によって偶奇性が定まっている．

系が三次元の場合には

$$\psi_{n_x,n_y,n_z} = \sqrt{\frac{8}{d_x d_y d_z}} \sin\left(\frac{\pi n_x x}{d_x}\right) \sin\left(\frac{\pi n_y y}{d_y}\right) \sin\left(\frac{\pi n_z z}{d_z}\right) \tag{3.62}$$

$$E_{n_x,n_y,n_z} = \frac{\pi^2\hbar^2}{2m}\left[\left(\frac{n_x}{d_x}\right)^2 + \left(\frac{n_y}{d_y}\right)^2 + \left(\frac{n_z}{d_z}\right)^2\right] \tag{3.63}$$

$$(n_x, n_y, n_z = 1,2,3,\cdots)$$

となる．

特に立方体の井戸型ポテンシャルの場合（$d_x = d_y = d_z (\equiv d)$），エネルギー固有関数は

$$\psi_{n_x,n_y,n_z} = \sqrt{\frac{8}{d^3}} \sin\left(\frac{\pi n_x x}{d}\right) \sin\left(\frac{\pi n_y y}{d}\right) \sin\left(\frac{\pi n_z z}{d}\right) \tag{3.64}$$

である．またエネルギー固有値は

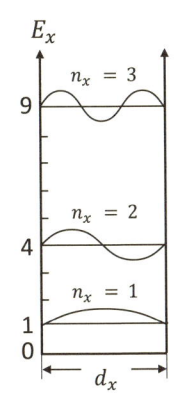

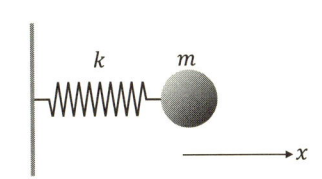

図 3.1 (3.60) の ψ_x, (3.61) の E_x の図示 ただし縦軸は $\pi^2\hbar^2/2md_x^2$ を単位として示している.

図 3.2 調和振動子

$$E_{n_x,n_y,n_z} = \frac{\pi^2\hbar^2}{2md^2}\left(n_x{}^2 + n_y{}^2 + n_z{}^2\right) \tag{3.65}$$

となり，異なるエネルギー固有状態でも $n_x^2 + n_y^2 + n_z^2$ の値が同じであればエネルギー固有値は同じ値をとる．この場合，これらのエネルギー固有状態は縮退すると呼ばれている．

(2) 調和振動子

図 3.2 に示すように一次元空間の調和振動子を考える．質量の質点が平衡位置からの変位 x に比例する引力

$$F = -kx \tag{3.66}$$

を受けているとき質点の運動のポテンシャルエネルギーは

$$V(x) = \frac{k}{2}x^2 \tag{3.67}$$

なので，シュレーディンガー方程式は

$$\left(-\frac{\hbar^2}{2m}\frac{d^2}{dx^2} + \frac{k}{2}x^2\right)\psi = E\psi \tag{3.68}$$

となる．これを解くと

$$E_n = \hbar\omega_0\left(n + \frac{1}{2}\right) \tag{3.69}$$

を得る．ここで $\omega_0\,(= \sqrt{k/m})$ は固有角周波数，$n = 0, 1, 2, \cdots$ である．この

式の右辺第二項は

$$E_0 = \frac{1}{2}\hbar\omega_0 \tag{3.70}$$

と表され，零点エネルギーと呼ばれている．また，エネルギー固有関数は

$$\psi_n(x) = A_n H_n\left(\sqrt{\frac{m\omega_0}{\hbar}}x\right)\exp\left(-\frac{m\omega_0}{2\hbar}x^2\right) \tag{3.71}$$

なるエルミート・ガウス関数である．ただし

$$A_n = \frac{\sqrt[4]{m\omega_0/\hbar}}{\sqrt{2^n n!\sqrt{\pi}}} \quad (n=1,2,3,\cdots) \tag{3.72}$$

である．$H_n(x)$ はエルミート多項式と呼ばれ，これは x に関して n 次多項式である．従って $n=0$ の場合，$\psi_0(x)$ はガウス関数である．

系が三次元の場合，エネルギー固有関数は

$$\psi(x,y,z) = \psi_x(x)\psi_y(y)\psi_z(z) \tag{3.73}$$

である．またエネルギー固有値は

$$E = E_{n_x} + E_{n_y} + E_{n_z} = \hbar\omega_0\left(n_x + n_y + n_z + \frac{3}{2}\right) \tag{3.74}$$

となり，同じ $n = n_x + n_y + n_z$ をもつエネルギー固有状態は互いに縮退している．

(3) 半導体微粒子

立方体の半導体微粒子中の電子，正孔，電子・正孔対のエネルギー固有関数，エネルギー固有値も（1）と同様の方法で求められる．

a. 一粒子状態

半導体微粒子の寸法は小さいながらもその中には多数の電子や正孔が含まれるので，多粒子問題を解く必要がある．そのためには，周期的な結晶格子内の電子のエネルギー固有値が巨視的寸法の結晶と比べ微粒子の中でそれほど変化していないと仮定する．これにより単一の粒子（電子または正孔）のエネルギー固有関数とエネルギー固有値を求めることができる．そして最低のエネルギー準位から順番に粒子を詰めていくことにより多粒子問題の基底状態が求められる．

従って以下では微粒子中の一粒子の波動関数を考えればよい．これは巨視的寸法の結晶中の一粒子の波動関数と微粒子の境界条件を満足する包絡関数との

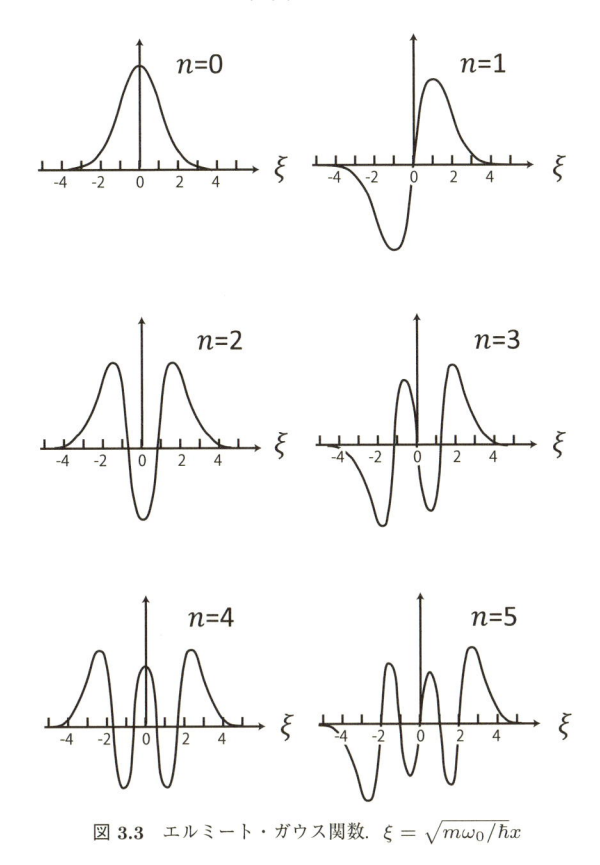

図 **3.3** エルミート・ガウス関数. $\xi = \sqrt{m\omega_0/\hbar}\,x$

積で表される．ここで重要なのは単一電子の包絡関数 $\xi_e(\boldsymbol{r})$ の満たすシュレーディンガー方程式

$$-\frac{\hbar^2}{2m_e}\nabla^2 \xi_e(\boldsymbol{r}) = (E_e - E_g)\,\xi_e(\boldsymbol{r})$$

(3.75)

$$(E_g \text{ はバンドギャップエネルギー})$$

および，単一正孔の包絡関数 $\xi_h(\boldsymbol{r})$ の満たすシュレーディンガー方程式

$$-\frac{\hbar^2}{2m_h}\nabla^2 \xi_h(\boldsymbol{r}) = E_h \xi_h(\boldsymbol{r})$$

(3.76)

である．

b. エネルギー固有関数と固有値

電子または正孔が一辺の長さ L の立方体の微粒子に閉じ込められた場合，

エネルギー固有関数の x 軸方向依存性は (3.75), (3.76) より

$$\begin{cases} \xi_{\text{even}}(x) = \sqrt{\dfrac{2}{L}} \cos(k_x x) \\ \xi_{\text{odd}}(x) = \sqrt{\dfrac{2}{L}} \sin(k_x x) \end{cases} \tag{3.77}$$

となる. ただし

$$\begin{cases} k_x^{\text{even}} = \dfrac{\pi}{L}(2n-1) \\ k_x^{\text{odd}} = \dfrac{\pi}{L}(2n) \end{cases} \quad (n = 1, 2, 3, \cdots) \tag{3.78}$$

である. エネルギー固有値は

$$E_x = \frac{\hbar^2 k_x^2}{2m} = \frac{\hbar^2}{2m}\left(\frac{\pi}{L}n_x\right)^2 \quad (n_x = 1, 2, 3, \cdots) \tag{3.79}$$

となる. ここで k_x^{even} のとき $n_x = 2n - 1$, k_x^{odd} のとき $n_x = 2n$ である.

系は三次元なので, 電子または正孔の包絡関数のエネルギー固有関数は $\xi(x)\xi(y)\xi(z)$, エネルギー固有値は

$$E_{n_x,n_y,n_z} = \frac{\hbar^2}{2m}\left(\frac{\pi}{L}\right)^2\left(n_x^2 + n_y^2 + n_z^2\right) \quad (n_x, n_y, n_z = 1, 2, 3, \cdots) \tag{3.80}$$

となる. 従って伝導帯, 価電子帯中の電子のエネルギー固有値は

$$E_c = E_g + \frac{\hbar^2 k^2}{2m_c} = E_g + \frac{\hbar^2}{2m_c}\left\{\left(\frac{\pi}{L_x}n_x\right)^2 + \left(\frac{\pi}{L_y}n_y\right)^2 + \left(\frac{\pi}{L_z}n_z\right)^2\right\} \tag{3.81a}$$

$$E_v = \frac{\hbar^2 k^2}{2m_v} = \frac{\hbar^2}{2m_v}\left\{\left(\frac{\pi}{L_x}n_x\right)^2 + \left(\frac{\pi}{L_y}n_y\right)^2 + \left(\frac{\pi}{L_z}n_z\right)^2\right\} \tag{3.81b}$$

となる. (3.81b) は正孔のエネルギー固有値に相当する.

電子・正孔が対をなす場合, その包絡関数 $\zeta_{\text{eh}}(\boldsymbol{r}_e, \boldsymbol{r}_h)$ のシュレーディンガー方程式は

$$\left[-\frac{\hbar^2}{2m_e}\nabla_e^2 - \frac{\hbar^2}{2m_h}\nabla_h^2 + V_c + V_{\text{conf}}\right]\zeta_{\text{eh}}(\boldsymbol{r}_e, \boldsymbol{r}_h) = (E - E_g)\zeta_{\text{eh}}(\boldsymbol{r}_e, \boldsymbol{r}_h) \tag{3.82}$$

である. ここで V_c はクーロン相互作用ポテンシャル, V_{conf} は閉じ込めポテンシャルである.

　ここでは電子と正孔の間のクーロン相互作用が強い場合を考える. 従ってボーア半径 a_0 は微粒子の寸法 R より小さいので, 電子・正孔対を単一粒子, すなわち励起子とみなすことができる. このとき励起子の重心運動は微粒子内に閉じ込められる. 励起子の質量, 重心座標, 電子と正孔の間の相対座標を各々

$$M = m_e + m_h$$
$$\boldsymbol{r}_{\mathrm{CM}} = \frac{m_e \boldsymbol{r}_e + m_h \boldsymbol{r}_h}{M} \tag{3.83}$$
$$\beta = \boldsymbol{r}_e - \boldsymbol{r}_h$$

と定義し, 励起子の包絡関数を

$$\psi\left(\boldsymbol{r}_e, \boldsymbol{r}_h\right) = \phi_\mu\left(\beta\right) F_v\left(\boldsymbol{r}_{\mathrm{CM}}\right) \tag{3.84}$$

と表すと, 立方体の微粒子の場合, 重心運動の包絡関数のエネルギー固有関数は

$$F_{v,\mathrm{even}}\left(\boldsymbol{r}_{\mathrm{CM}}\right) = \sqrt{\frac{8}{L^3}} \cos\left(\frac{\pi}{L}\left(2n_x - 1\right) x_{\mathrm{CM}}\right) \cos\left(\frac{\pi}{L}\left(2n_y - 1\right) y_{\mathrm{CM}}\right)$$
$$\cos\left(\frac{\pi}{L}\left(2n_z - 1\right) z_{\mathrm{CM}}\right)$$
$$F_{v,\mathrm{odd}}\left(\boldsymbol{r}_{\mathrm{CM}}\right) = \sqrt{\frac{8}{L^3}} \sin\left(\frac{2\pi}{L} n_x x_{\mathrm{CM}}\right) \sin\left(\frac{2\pi}{L} n_y y_{\mathrm{CM}}\right) \sin\left(\frac{2\pi}{L} n_z z_{\mathrm{CM}}\right)$$
$$\tag{3.85}$$

となる. ここで添え字 even, odd の意味は (3.77), (3.78) と同じである. エネルギー固有値は

$$E_{n_x, n_y, n_z} = E_g + E_{ex} + \frac{\pi^2 \hbar^2}{2ML^2}\left(n_x^2 + n_y^2 + n_z^2\right) \tag{3.86}$$
$$(n_x, n_y, n_z = 1, 2, 3, \cdots)$$

となる.

3.3　時間を含む摂動法と光の吸収・放出

　本節では考えている系に外力が加わった場合を考える. ここで外力の大きさは十分小さいとして近似計算を行う. この近似は摂動法と呼ばれている.

3.3.1　時間を含む摂動法

時間的に変化する摂動のハミルトニアン $\hat{H}^p(t)$ を既知のハミルトニアン $\hat{H}^{(0)}$ に付加する．これは $t=0$ 以降，系に作用する．この結果波動関数は $t>0$ では時間に依存するようになる．この場合には時間依存のシュレーディンガー方程式

$$\left\{\hat{H}^{(0)} + \hat{H}^p(t)\right\}\Psi = i\hbar\frac{\partial\Psi}{\partial t} \tag{3.87}$$

を解く必要がある．ただし，無摂動のシュレーディンガー方程式

$$\hat{H}^{(0)}\Psi_n{}^{(0)} = i\hbar\frac{\partial\Psi_n{}^{(0)}}{\partial t} \tag{3.88}$$

の解，すなわちエネルギー固有関数

$$\Psi_n{}^{(0)}(\boldsymbol{r},t) = \psi_n{}^{(0)}(\boldsymbol{r})\exp\left(-i\frac{E_n{}^{(0)}t}{\hbar}\right) \tag{3.89}$$

およびエネルギー固有値 $E_n^{(0)}$ は既知であり，時間に依存しないシュレーディンガー方程式

$$\hat{H}^{(0)}\psi_n{}^{(0)}(\boldsymbol{r}) = E_n{}^{(0)}\psi_n{}^{(0)}(\boldsymbol{r}) \tag{3.90}$$

に従うものとする．

このとき (3.87) の解を

$$\Psi(\boldsymbol{r},t) = \sum_{n=1}^{\infty} c_n(t)\Psi_n{}^{(0)}(\boldsymbol{r},t) = \sum_{n=1}^{\infty} c_n(t)\psi_n{}^{(0)}(\boldsymbol{r})\exp\left(-i\frac{E_n{}^{(0)}t}{\hbar}\right) \tag{3.91}$$

と展開して表し，時間に依存する展開係数 $c_1(t), c_2(t), \cdots$ を求める．そのために

$$H_{kn}{}^p = (\psi_k{}^{(0)}, \hat{H}^p\psi_n{}^{(0)}) = \left\langle\psi_k{}^{(0)}\left|\hat{H}^p\right|\psi_n{}^{(0)}\right\rangle \tag{3.92a}$$

$$\omega_{kn} = \frac{E_k{}^{(0)} - E_n{}^{(0)}}{\hbar} \tag{3.92b}$$

と定義する．$H_{km}{}^p$ は遷移行列要素，ω_{kn} はボーアの角周波数と呼ばれている．

ここで初期状態（$t=0$）は $\psi_m^{(0)}$ なので

$$c_m(0) = 1, \quad c_k(0) = 0 \tag{3.93}$$

である．さらに摂動が小さいと仮定し

$$c_m(t) \cong 1, \quad c_k(t) \cong 0 \quad (k \neq m) \tag{3.94}$$

と近似すると

$$\frac{dc_m(t)}{dt} = -\frac{i}{\hbar} H_{mm}{}^p(t) \tag{3.95a}$$

$$\frac{dc_k(t)}{dt} = -\frac{i}{\hbar} H_{km}{}^p(t) \exp(i\omega_{km}t) \tag{3.95b}$$

を得る.

これらの式により $c_k(t)$ を求めるが, それには $H_{km}{}^p$ の値が必要である. ここで $|c_k(t)|^2$ は $t = 0$ で状態 $|m\rangle$ にあった系が外部からの摂動により時刻 t において状態 $|k\rangle$ に見出される確率を表す. そのような $m \to k$ の遷移は $H_{km}{}^p \neq 0$ であれば $c_k(t) \neq 0$ となり許容される. 一方, $H_{km}{}^p = 0$ であれば $c_k(t) = 0$ なので禁止される. これは選択規則と呼ばれている.

3.3.2 正弦波形の摂動と電気双極子遷移

(1) フェルミの黄金律

原子に外部から光が入射し, それによって原子中の電子に摂動が加えられる場合を考える. このとき光を古典論 (マクスウェル方程式) で扱い, 摂動を受ける電子の振る舞いを量子論で記述する (3.4.3 項では光も量子論で扱う).

電子を含む原子の大きさは光の波長よりずっと小さいことから, 電子に働く光の電場の値は電子の位置に依存せず一定と考え

$$\boldsymbol{E} = \boldsymbol{E}_0 \cos \omega t \tag{3.96}$$

と表す. これは 2.1.2 項の長波長近似である.

この電場と電子との相互作用は電気双極子相互作用であり, その結果電子に働く摂動のポテンシャルは

$$\hat{H}^p = e\boldsymbol{r} \cdot \boldsymbol{E}_0 \cos \omega t \tag{3.97}$$

となる. $e\boldsymbol{r}$ は電気双極子モーメントの演算子である. ここで

$$e\boldsymbol{r} \cdot \boldsymbol{E}_0 = 2\hat{H}^{p\prime} \tag{3.98}$$

と置くと摂動のハミルトニアンは

$$\hat{H}^p = \hat{H}^{p\prime}(e^{i\omega t} + e^{-i\omega t}) \tag{3.99}$$

となる.

　系の初期状態 $(t = 0)$ は電子がエネルギー固有値 $E_m(= \hbar\omega_m)$ をもつ状態 m であり,$t = 0 \sim t_0$ の間で (3.99) の摂動が加わるとする.そこで系が初期状態 m から他のエネルギー固有値 $E_k(= \hbar\omega_k)$ をもつ状態 $k(\neq m)$ に移る単位時間あたりの遷移確率を求めると

$$
\begin{aligned}
W_{m \to k} &= \frac{1}{t_0 \hbar^2} \int_{-\infty}^{\infty} \frac{\left|H_{km}{}^{p\prime}\right|^2 \sin^2\{(\omega_{km} \pm \omega)t_0/2\}}{(\omega_{km} \pm \omega/2)^2} \rho(|\omega_{km}|) d\omega_{km} \\
&= \frac{\left|H_{km}{}^{p\prime}\right|^2}{t_0 \hbar^2} \rho(|\omega_{km}|) \int_{-\infty}^{\infty} \frac{\sin^2\{(\omega_{km} \pm \omega)t_0/2\}}{(\omega_{km} \pm \omega/2)^2} d(\omega_{km} \pm \omega) \\
&= \frac{2\pi \left|H_{km}{}^{p\prime}\right|^2}{\hbar^2} \rho(|\omega_{km}|)
\end{aligned}
\tag{3.100}
$$

を得る.ここで $\rho(\omega_{km})$ は状態密度であり,エネルギーが $\hbar\omega_{km} \sim \hbar(\omega_{km} + d\omega_{km})$ の間にある状態 k の数が $\rho(\omega_{km})d\omega_{km}$ と表される.なお $\rho(\omega_{km})$ は ω_{kn} に関してゆっくり変化する関数なので第二行目では積分の外に出してある.(3.100) はフェルミの黄金律と呼ばれている.

(2) 光の吸収と誘導放出

　(3.100) の第二行目の被積分関数の値は $|\omega_{km}| \cong \omega$ において大きな値をとるので,この条件を満たす遷移だけが大きな寄与をすることから

$$W_{m \to k} = \frac{2\pi \left|H_{km}{}^{p\prime}\right|^2}{\hbar^2} \rho(\omega) \tag{3.101}$$

と表すことができる.ここで $|\omega_{km}| \cong \omega$ となるのは ω_{km} の値の正負に応じて次の二つの場合である.

　① $\omega_{km} > 0$,すなわち $\omega_k > \omega_m$ $(E_k > E_m)$ の場合:

　第二行目の被積分関数は $|\omega_{km} - \omega| \leq 2\pi/t_0$ のとき大きな値をとり,遷移確率の値も大きくなる.すなわち

$$E_m^{(0)} + \hbar\omega - \frac{2\pi\hbar}{t_0} < E_k^{(0)} < E_m^{(0)} + \hbar\omega + \frac{2\pi\hbar}{t_0} \tag{3.102}$$

を満たすような終状態 k に遷移する.これは状態 m の電子が光のエネルギー

$\hbar\omega$ に駆動され，高いエネルギーをもつ状態 k に励起されることを意味する．すなわち光の（誘導）吸収である．

② $\omega_{km} < 0$，すなわち $\omega_k < \omega_m$ $(E_k < E_m)$ の場合：

第二行目の被積分関数は $|\omega_{km} + \omega| \leq 2\pi/t_0$ のとき大きな値をとり，遷移確率の値も大きくなる．すなわち

$$E_m^{(0)} - \hbar\omega - \frac{2\pi\hbar}{t_0} < E_k^{(0)} < E_m^{(0)} - \hbar\omega + \frac{2\pi\hbar}{t_0} \tag{3.103}$$

を満たすような終状態 k に遷移する．これは状態 m の電子が光のエネルギー $\hbar\omega$ に駆動され，低いエネルギーをもつ状態 k に脱励起されることを意味する．すなわち光の誘導放出である．

以上のように光を古典論で扱っても（誘導）吸収と誘導放出を説明することができた．両者の違いは E_k と E_m の大小の関係のみなので，誘導放出は（誘導）吸収の逆過程であるといえ，両者とも古典論的な現象といえる．

ここで①，②をまとめると，電子は $\pm 2\pi\hbar/t_0$ なるエネルギーの広がりの幅を許して

$$|E_m - E_k| = \hbar\omega \tag{3.104}$$

の関係（ボーアの周波数条件に他ならない）を満たすエネルギー $\hbar\omega$ の電磁波を吸収または放出して $m \to k$ の遷移を起こす．

ここでエネルギー間隔に広がり幅が存在する．すなわち電子が吸収または放出する光のスペクトルは必ずエネルギー幅 $2\pi\hbar/t_0$ をもつが，これは不確定性原理に相当し，摂動の加わる時間 t_0 に反比例する．実際には散乱等を含むこれ以外の要因が加わるので始状態 m に留まる時間 τ は t_0 よりさらに短くなる．τ は $m \to k$ の遷移の「寿命」（電子が状態 m から状態 k に遷移するまでの平均の持続時間）と呼ばれている．以上の結果，吸収または放出される光のスペクトルの幅は τ によって決まる値 $2\pi\hbar/\tau$ をとる．これは自然幅と呼ばれている．

(3) 電気双極子遷移の選択規則

(3.101) に (3.98) を代入し長波長近似を使うと

$$\begin{aligned}
W_{m\to k} &= \frac{\pi}{2\hbar^2}|\langle k|\,e\boldsymbol{r}\,|m\rangle\,\boldsymbol{E}_0|^2\rho(\omega) = \frac{\pi}{2\hbar^2}|-\boldsymbol{\mu}_{km}\cdot\boldsymbol{E}_0|^2\rho(\omega) \\
&= \frac{\pi}{2\hbar^2}(\mu_{km}^x E_{0x} + \mu_{km}^y E_{0y} + \mu_{km}^z E_{0z})^2\rho(\omega)
\end{aligned} \tag{3.105}$$

となる. ただし

$$\boldsymbol{\mu}_{km} = \langle k| - e\boldsymbol{r} |m\rangle \tag{3.106}$$

であり, これは遷移電気双極子モーメントと呼ばれている. その x, y, z 成分は

$$\mu_{km}{}^x = \langle k| - ex |m\rangle, \quad \mu_{km}{}^y = \langle k| - ey |m\rangle, \quad \mu_{km}{}^z = \langle k| - ez |m\rangle \tag{3.107}$$

である.

 フェルミの黄金律により表される遷移は, まず光により電気双極子モーメント $\boldsymbol{\mu}$ が誘起され, それが光の電場と相互作用 (電気双極子相互作用) し, 摂動として働くことにより生ずる. 従ってこれは電気双極子遷移と呼ばれている.

 このとき電気双極子遷移の発生条件, すなわち電気双極子遷移の選択規則は (3.105) の中の $\boldsymbol{\mu}_{km} \cdot \boldsymbol{E}_0$ の値に依存する. すなわち

$$\boldsymbol{\mu}_{km} \cdot \boldsymbol{E}_0 \neq 0 \tag{3.108a}$$

の場合は電気双極子許容遷移,

$$\boldsymbol{\mu}_{km} \cdot \boldsymbol{E}_0 = 0 \tag{3.108b}$$

の場合は電気双極子禁制遷移と呼ばれている.

 $|\boldsymbol{\mu}_{km}| \neq 0$ であっても (3.108a), (3.108b) のどちらが成り立つかは光の偏光の状態に依存する. たとえば x 方向の直線偏光の場合, $\boldsymbol{E}_0 = E_0(1, 0, 0)$ なので (3.108a) が成り立つのは $\langle k| x |m\rangle \neq 0$ のときである. これは x 軸に関して状態 $|m\rangle$, $|k\rangle$ の偶奇性が異なる必要があることを意味する. 一方, 偶奇性が同じ場合, (3.108b) が成り立ち電気双極子禁制遷移となる.

3.4 光の量子論

 3.3.2 項では光を古典論で扱っていたが, より進んだ議論をするために本節では光の量子論, すなわち量子光学の基礎的事項を紹介する.

3.4.1 光 の 量 子 化
量子化のためには光の場がその波長より大きな空間を満たしていることに注

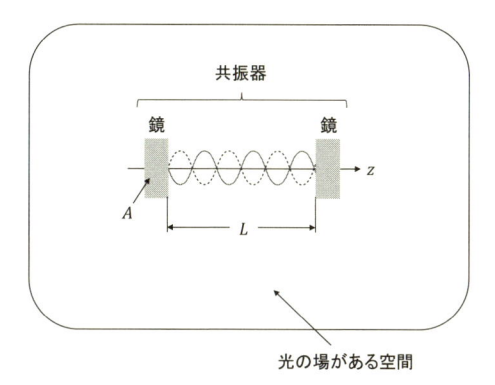

図 **3.4** 量子化のために想定する共振器

目する. この場合，光のエネルギー（ハミルトニアン）を計算するためにこの
空間に図 3.4 のような共振器を想定することができる．ここでは真空中で光が
z 軸方向に長さ L をもつ共振器の中に閉じ込められている場合を考える．ここ
で L は光の波長以上の値をとる．このとき周波数 ν，波数 k の光を考えると，
これは共振器の中で定在波を形成し，一つのモードになっている．ただし，定
在波の条件から

$$L = \frac{\pi m}{k} \tag{3.109}$$

（m は整数）である．ここで x 軸方向の直線偏光を考えると光の電場ベクトル
$\boldsymbol{E}(z,t)$ は $(E_x, 0, 0)$ であるが，さらに

$$E_x(z,t) = q(t)\sqrt{\frac{2(2\pi\nu)^2 M}{\varepsilon_0 V}} \sin kz \tag{3.110}$$

と表す．$q(t)$ は時間依存の関数である．また V は共振器の体積であり共振器用
の鏡の面積を A とすると $V = AL$ である．さらに M は質量の次元をもつ定数
である．これをマクスウェル方程式に代入すると磁場ベクトル $\boldsymbol{H} = (0, H_y, 0)$
が求まり

$$H_y(z,t) = \frac{dq}{dt}\frac{\varepsilon_0}{k}\sqrt{\frac{2(2\pi\nu)^2 M}{\varepsilon_0 V}} \cos kz \tag{3.111}$$

となる．(2.21) によればこの光のエネルギーは

$$H = \int_V \left(\frac{\varepsilon_0}{2}{E_x}^2 + \frac{\mu_0}{2}{H_y}^2\right)dv = \frac{A}{2}\int_0^L \left(\varepsilon_0 {E_x}^2 + \mu_0 {H_y}^2\right)dz \tag{3.112}$$

なので，これに (3.110)，(3.111) を代入すると

$$H = \frac{M}{2}(2\pi\nu)^2 q^2 + \frac{p^2}{2M} \tag{3.113}$$

を得る．ただし

$$p \equiv M\frac{dq}{dt} \tag{3.114}$$

とした．

(3.68) と比較すると (3.113) は質量 M，固有周波数 ν，位置 q，運動量 p の一次元調和振動子のハミルトニアン H と同形であることがわかる．そこで調和振動子の量子化と同一の手続きにより光を量子化する．すなわち q, p を次の交換関係を満たす量子力学的演算子 $\hat{q}$, $\hat{p}$ とみなす．

$$[\hat{q}, \hat{p}] \equiv \hat{q}\hat{p} - \hat{p}\hat{q} = i\hbar \tag{3.115}$$

ここで今後の議論の見通しをよくするために次の新しい演算子 $\hat{a}$, $\hat{a}^\dagger$ を定義する．

$$\hat{a} \equiv \frac{1}{\sqrt{2Mh\nu}}\left(2\pi M\nu\hat{q} + i\hat{p}\right) \tag{3.116a}$$

$$\hat{a}^\dagger \equiv \frac{1}{\sqrt{2Mh\nu}}\left(2\pi M\nu\hat{q} - i\hat{p}\right) \tag{3.116b}$$

(3.115) によるとこれらの演算子 $\hat{a}$, $\hat{a}^\dagger$ は交換関係

$$\left[\hat{a}, \hat{a}^\dagger\right] = 1 \tag{3.117a}$$

$$[\hat{a}, \hat{a}] = \left[\hat{a}^\dagger, \hat{a}^\dagger\right] = 0 \tag{3.117b}$$

を満たすことがわかる．なお $\hat{a}$, $\hat{a}^\dagger$ は互いにエルミート共役演算子であるがエルミート演算子ではないことに注意されたい．すなわちこれらの演算子に対応する物理量は観測可能ではない．

$\hat{a}$, $\hat{a}^\dagger$ を使うと演算子 $\hat{q}$, $\hat{p}$ は

$$\hat{q} = \sqrt{\frac{\hbar}{4\pi M\nu}}\left(\hat{a} + \hat{a}^\dagger\right) \tag{3.118a}$$

$$\hat{p} = -i\sqrt{\frac{Mh\nu}{2}}\left(\hat{a} - \hat{a}^\dagger\right) \tag{3.118b}$$

と表される．これを (3.113) に代入するとハミルトニアンは

$$\hat{H} = h\nu \left(\hat{a}^{\dagger}\hat{a} + \frac{1}{2} \right) \tag{3.119}$$

となる. これはもちろんエルミート演算子である.

また (3.119) より

$$\left[\hat{H}, \hat{a} \right] = -h\nu\hat{a} \tag{3.120a}$$

$$\left[\hat{H}, \hat{a}^{\dagger} \right] = h\nu\hat{a}^{\dagger} \tag{3.120b}$$

となる. さらに電場, 磁場ベクトルの x 軸, y 軸成分は (3.110), (3.111) より

$$\hat{E}_x (z, t) = E_{x0} \left(\hat{a} + \hat{a}^{\dagger} \right) \sin kz \tag{3.121a}$$

$$\hat{H}_y (z, t) = -\frac{i}{\eta_0} E_{x0} \left(\hat{a} - \hat{a}^{\dagger} \right) \cos kz \tag{3.121b}$$

となり, これらもエルミート演算子である. ただし

$$\eta_0 = \sqrt{\frac{\mu_0}{\varepsilon_0}} \tag{3.122a}$$

$$E_{x0} \equiv \sqrt{\frac{h\nu}{\varepsilon_0 V}} \tag{3.122b}$$

である. ここで η_0 は真空のインピーダンスと呼ばれ, その値は 377Ω である.

3.4.2 エネルギー固有値

(3.119) のハミルトニアンに対応するエネルギー固有値 E_n, さらにはエネルギー固有関数 ϕ_n を求めるために

$$\hat{H}\phi_n = E_n\phi_n \tag{3.123}$$

を解く. そのための準備として (3.120a) を用いると

$$\hat{H}\hat{a}\phi_n = \left(\hat{a}\hat{H} - h\nu\hat{a} \right) \phi_n = (E_n - h\nu) \hat{a}\phi_n \tag{3.124}$$

が導かれるが, これは $\hat{a}\phi_n$ もエネルギー固有関数であり, その固有値は $E_n - h\nu$ であることを意味している. これより演算子 $\hat{a}$ はエネルギーを $h\nu$ だけ下げる作用をすることがわかる. このことから $\hat{a}$ は消滅演算子と呼ばれている. 一方, (3.120b) を用いると

$$\hat{H}\hat{a}^\dagger \phi_n = \left(\hat{a}^\dagger \hat{H} + h\nu \hat{a}^\dagger\right)\phi_n = (E_n + h\nu)\,\hat{a}^\dagger \phi_n \tag{3.125}$$

が導かれるが, これより演算子 $\hat{a}^\dagger$ はエネルギーを $h\nu$ だけ上げる作用をすることがわかる. このことから $\hat{a}^\dagger$ は生成演算子と呼ばれている.

(2.50) の $\cos\omega t$ が $(e^{i\omega t} + e^{-i\omega t})/2$ と表されているのでこれを (3.121a) と比較すると $\hat{a}$, $\hat{a}^\dagger$ は $e^{\pm i\omega t}$ に対応することがわかる [*2]. 第 2 章の (2.4), (2.5), (2.50) では $e^{\pm i\omega t}$ は数式の簡略化のために用いられ, 物理的意味はなかったのであるが, 光の量子化によりそれらに対応する $\hat{a}$, $\hat{a}^\dagger$ はそれぞれ光のエネルギーを減少, 増加させるという物理的意味が与えられたのである.

さてエネルギーの最小の固有値 E_0 に対応するエネルギー固有関数を ϕ_0, または $|0\rangle$ と表す. この関数が表す状態は真空状態 (光が存在しないという意味) と呼ばれている. (3.124) を参考にすると

$$\hat{a}\phi_0 = 0 \tag{3.126}$$

となり, 右辺が 0 となることが真空状態を表す ϕ_0 の定義にもなっている. すなわち ϕ_0 よりも低いエネルギーをもつ固有関数はない. ここで (3.119) より $\hat{H}\phi_0 = (h\nu/2)\phi_0$ であることに注意すると

$$E_0 = \frac{h\nu}{2} \tag{3.127}$$

が得られる. これは零点エネルギーと呼ばれており, 真空状態がもつエネルギーゆらぎの大きさを表す.

また,

$$\hat{H}\left(\hat{a}^\dagger\right)^n \phi_0 = h\nu\left(n + \frac{1}{2}\right)\left(\hat{a}^\dagger\right)^n \phi_0 \tag{3.128}$$

であることから $\left(\hat{a}^\dagger\right)^n \phi_0$ なる状態はエネルギー固有関数 ϕ_n に対応し, 固有値は

$$E_n = h\nu\left(n + \frac{1}{2}\right) \tag{3.129}$$

であることがわかる. ϕ_n は共振器の中の空間にエネルギー単位 $h\nu$ の光の量子

[*2]   3.2.1 項 (7)b のハイゼンベルグ表示によれば演算子の時間変化を表すことができるので, (3.120a), (3.120b) を (3.26) に代入するとハイゼンベルグ表示された $\hat{a}_H = \hat{a}e^{-i2\pi\nu t}$, $\hat{a}_H^\dagger = \hat{a}^\dagger e^{i2\pi\nu t}$ が求まり, これらは (2.3), (2.4), (2.50) の $e^{\pm i\omega t}$ と同じく角周波数 $\omega (= 2\pi\nu)$ で振動することがわかる.

が n 個存在する状態を表している. n は $0 \sim \infty$ の値をとるので, 古典光学では扱えなかった光強度の小さい場合 (1.2 節 [1] の条件 (c) 参照) も議論できる.

エネルギー $h\nu$ をもつ光の量子は光子と呼ばれ, また ϕ_n は光子数状態 (n 個の光子が存在する状態) と呼ばれている. また (3.119), (3.123), (3.129) より

$$\hat{a}^\dagger \hat{a} \phi_n = n\phi_n \tag{3.130}$$

となることから $\hat{a}^\dagger \hat{a}$ は光子数演算子と呼ばれている.

3.4.3 光の吸収と放出

ϕ_n は規格化されているとすると

$$\langle \phi_n | \phi_n \rangle = \int_V \phi_n^* \phi_n dv = 1 \tag{3.131}$$

である. このとき体積積分の範囲は共振器の体積全体にわたる. ところで (3.124) に示した $\hat{a}$ の性質から

$$\hat{a}\phi_n = s_n \phi_{n-1} \tag{3.132}$$

(s_n は定数) と書けるので, 両辺どうしの内積をとると

$$\langle \hat{a}\phi_n | \hat{a}\phi_n \rangle = |s_n|^2 \langle \phi_{n-1} | \phi_{n-1} \rangle \tag{3.133}$$

となる. ここで (3.130) によると (3.133) の左辺は

$$\langle \hat{a}\phi_n | \hat{a}\phi_n \rangle = \left\langle \phi_n | \hat{a}^\dagger \hat{a}\phi_n \right\rangle = \langle \phi_n | n\phi_n \rangle = n \tag{3.134}$$

なので (3.133), (3.134) より

$$s_n = \sqrt{n} \tag{3.135}$$

を得, 従って (3.132) は

$$\hat{a}\phi_n = \sqrt{n}\phi_{n-1} \tag{3.136}$$

となる.

同様に

$$\hat{a}^\dagger \phi_n = \sqrt{n+1}\phi_{n+1} \tag{3.137}$$

を得るので,

$$\phi_{n+1} = \frac{1}{\sqrt{n+1}}\hat{a}^\dagger \phi_n \tag{3.138}$$

となり，従って規格化された固有関数は ϕ_0 を用いて

$$\phi_n = \frac{1}{\sqrt{n!}}(\hat{a}^\dagger)^n \phi_0 \tag{3.139}$$

と表される．(3.114)，(3.116a) を (3.126) に代入すると真空状態 ϕ_0 のエネルギー固有関数は電場の振幅 q の関数として表され

$$\phi_0(q) = \left(\frac{2\pi M\nu}{\hbar}\right)^{\frac{1}{4}} \exp\left\{-\frac{1}{2}\left(\frac{2\pi M\nu}{\hbar}\right)q^2\right\} \tag{3.140}$$

となる．これはガウス関数であり，規格化されている．また，

$$\phi_n(q) = \frac{1}{\sqrt{n!}}\left(\hat{a}^\dagger\right)^n \phi_0(q) = \frac{1}{\sqrt{n!(2Mh\nu n!)^n}}\left(2\pi M\nu q - \hbar\frac{d}{dq}\right)^n \phi_0(q)$$

$$= \frac{1}{\sqrt{2^n n!}}H_n\left(\sqrt{\frac{2\pi M\nu}{\hbar}}q\right)\phi_0(q) \tag{3.141}$$

となる．ここで $H_n(q)$ は n 次のエルミート多項式である．すなわち (3.141) はエルミート・ガウス関数であり，これも規格化されている．(3.140)，(3.141) は (3.71) と同形であることに注意されたい．

　$\hat{a}$, $\hat{a}^\dagger$ は光のエネルギーを $h\nu$ ずつ減少，増加させることを表すが，このように光のエネルギーが増減するのであればエネルギー保存則はどうなっているのであろうか？　エネルギー保存則を満たすために，実は暗に共振器内に低密度の原子集団が存在することを想定している．このとき原子集団の密度は (3.112) 中の真空誘電率 ε_0，真空透磁率 μ_0 の値が使える程度に低いものとする．

　ここでは特に二準位原子を考え，原子中の電子はエネルギー固有値 E_1, E_2 ($E_1 < E_2$) をもち，そのエネルギー固有関数を ψ_1, ψ_2 と表す．ここでボーアの周波数条件

$$E_2 - E_1 = h\nu \tag{3.142}$$

が成り立つとする．このとき光と電子との相互作用による光の吸収と放出は次のようにまとめられる．

　◎ 光の吸収：　光子と電子からなる系の始状態，終状態は次のとおりである．

　・始状態：　光子は光子数が n の状態 ϕ_n，電子は下準位 ψ_1

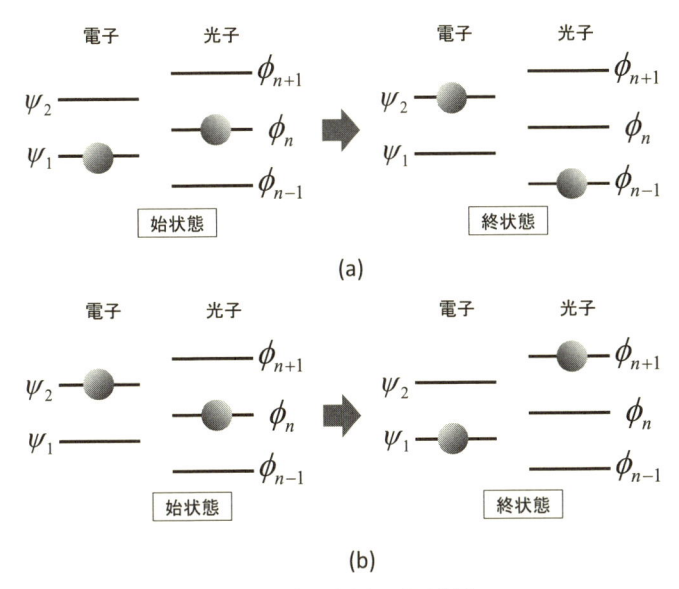

図 **3.5** 光と電子との相互作用
(a) 光の吸収. (b) 光の放出.

↓光と電子の相互作用（消滅演算子 $\hat{a}$ による）.

・終状態: 光子は光子数が $n-1$ の状態 ϕ_{n-1}, 電子は上準位 ψ_2

◎光の放出: 光子と電子からなる系の始状態, 終状態は次のとおりである.

・始状態: 光子は光子数が n の状態 ϕ_n, 電子は上準位 ψ_2

↓光と電子の相互作用（生成演算子 $\hat{a}^\dagger$ による）.

・終状態: 光子は光子数が $n+1$ の状態 ϕ_{n+1}, 電子は下準位 ψ_1

以上の様子を図示すると図 3.5 のようになる.

古典光学では光の放出を扱わなかったが（1.2 節 [1] 参照）, 量子論によれば光の吸収と同列で光の放出を以上のように議論できるようになった.

なお, 3.3.2 項 (2) では光を古典論で扱っても（誘導）吸収とともに誘導放出を説明することができた. この意味で誘導放出は（誘導）吸収とともに古典論的な現象であることを指摘した. しかし本節で説明した光の量子論を使うと光の放出過程には二種類あることがわかる. これについて説明するため, 光の吸収と放出の確率を求める. (3.100) によるとこの確率は摂動のハミルトニアンの始状態, 終状態の行列要素の二乗に比例することから光の吸収の確率は (3.136)

より

$$|\langle\phi_{n-1}|\,\hat{a}\,|\phi_n\rangle|^2 = \left|\int_V \phi_{n-1}*\hat{a}\phi_n dv\right|^2 = n \tag{3.143}$$

となる. 一方光の放出の確率は (3.137) より

$$\left|\langle\phi_{n+1}|\,\hat{a}^\dagger\,|\phi_n\rangle\right|^2 = \left|\int_V \phi_{n+1}*\hat{a}^\dagger\phi_n dv\right|^2 = n+1 \tag{3.144}$$

となる. ここで誘導放出と（誘導）吸収とは互いに逆の過程であることに注意して (3.143) と (3.144) を比べると (3.144) 右辺第一項の n は誘導放出の確率の値に相当することがわかる. それに対し第二項の 1 は誘導放出とは別の放出過程の確率の値を表す. この過程は自然放出と呼ばれている. なぜならばこの定数 1 は電子との相互作用前の光子の数 n が 0（光子がない）でも生き残るからである.

自然放出は (3.127) の零点エネルギー, すなわち真空状態がもつエネルギー揺らぎが電子を刺激して発生した誘導放出ともいえる. (3.129) の右辺および (3.144) 右辺の 1 はともに (3.117a) の交換関係の値が 0 でないことに起因しているので零点エネルギー, 自然放出ともに量子論的な現象である.

3.4.4　コヒーレント状態

(1) コヒーレント状態の定義

光子数状態の固有関数 ϕ_n は基礎系に他ならないので, 光の一般の状態はこれによって

$$\phi = \sum_{n=1}^{\infty} c_n\phi_n \tag{3.145}$$

と表すことができる. このとき特に

$$c_n = \frac{\alpha^n}{\sqrt{n!}}\exp\left(-\frac{|\alpha|^2}{2}\right) \tag{3.146}$$

（α は複素数）の場合, ϕ はコヒーレント状態と呼ばれ, ここでは ϕ_α と表す. このとき光子数が n であることを見いだす確率は

$$|c_n|^2 = \frac{|\alpha|^{2n}}{n!}\exp\left(-|\alpha|^2\right) \tag{3.147}$$

である. これは平均値が $|\alpha|^2$ なるポアッソン分布に相当する. すなわちコヒー

レント状態は (3.139)，(3.145)，(3.146) より

$$\phi_\alpha = \exp\left(-\frac{|\alpha|^2}{2}\right)\sum_{n=0}^{\infty}\frac{\alpha^n}{n!}(\hat{a}^+)^n\phi_0 = \exp\left(-\frac{|\alpha|^2}{2}\right)\exp\left(\alpha\hat{a}^\dagger\right)\phi_0 \quad (3.148)$$

と表される．ここで $\exp\left(\alpha\hat{a}^\dagger\right)$ は演算子関数である．

(2) コヒーレント状態の性質

(3.148) より

$$\hat{a}\phi_\alpha = \alpha\phi_\alpha \quad (3.149)$$

となる．すなわちコヒーレント状態は演算子 $\hat{a}$ の固有状態であり，その固有値は α である．さらに

$$\langle\hat{a}\rangle = \langle\phi_\alpha|\hat{a}|\phi_\alpha\rangle = \alpha \quad (3.150)$$

$$\left\langle\hat{a}^\dagger\hat{a}\right\rangle = \langle\phi_\alpha|\hat{a}^\dagger\hat{a}|\phi_\alpha\rangle = |\alpha|^2(=\langle n\rangle) \quad (3.151)$$

が成り立つ．

また，電場，磁場の振幅に比例する演算子 $\hat{a}+\hat{a}^\dagger$，$\hat{a}-\hat{a}^\dagger$ はともにエルミート演算子であることを使い，これらに不確定性原理 (3.20) を適用すると

$$\Delta(\hat{a}+\hat{a}^\dagger)\cdot\Delta(\hat{a}-\hat{a}^\dagger) \geq 1 \quad (3.152)$$

となるが，特にコヒーレント状態の場合には

$$\Delta(\hat{a}+\hat{a}^\dagger) = \Delta(\hat{a}-\hat{a}^\dagger) = 1 \quad (3.153)$$

となり，(3.152) 中の等号が成り立つ．これは図 3.6 に示すようにコヒーレント状態が電場，磁場の振幅の揺らぎに関して最小不確定性状態であることを意味し，いわば光の位相揺らぎが最小の状態に相当する．またこの揺らぎの大きさはコヒーレント状態関数の幅を与えるが，それは時間がたっても広がらない．言い換えるとコヒーレント状態は常に最小不確定性を保ち，電場，磁場の確率密度は凝集 (cohere) している．これがコヒーレント状態という名前の由来である [3]．コヒーレント状態にある光の波は明瞭な可干渉性を有する [1]．

---

[3]　図 3.6(a) では棒印 I の長さにより表される E_x の不確定性の大きさ ΔE_x は時間 t ごとに異なる．一方図 3.6(b) の ΔE_x は図 3.6(a) に比べて小さく位相ゆらぎが最小である．さらにその値は時間 t によらず一定値を取っており，これは電場 (および磁場) の確率密度が凝集していることを表し，コヒーレント状態という名前の由来となっている．

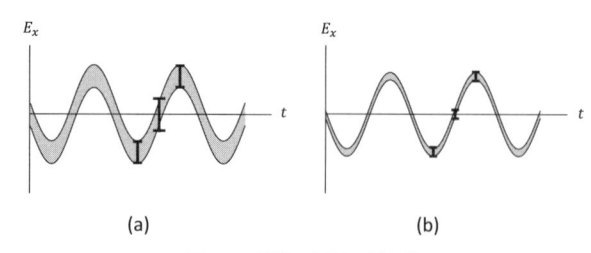

図 **3.6**　電場の振幅の揺らぎ

棒印 I は E_x の不確定性の大きさ ΔE_x ($\Delta(\hat{a} + \hat{a}^\dagger)$ に比例) の値を表す. (a) 一般の状態. (b) コヒーレント状態.

(3) コヒーレント状態を作り出す変位演算子関数

コヒーレント状態 $|\alpha\rangle$ は変位演算子関数と呼ばれる演算子関数

$$D(\alpha) = \exp\left(\alpha\hat{a}^\dagger - \alpha^*\hat{a}\right) \tag{3.154}$$

を使って，真空状態 ϕ_0 から

$$\phi_\alpha = D(\alpha)\phi_0 \tag{3.155}$$

のように生成される. (3.154) の指数関数の中に $\hat{a}$, $\hat{a}^\dagger$ があることから，(3.38) を参照すると (3.155) は光の吸収と放出を何回も繰り返すことにより真空状態 ϕ_0 がコヒーレント状態 ϕ_α に変化することを表していることがわかる.

なお，レーザー光はコヒーレント状態に近い. これはレーザー用の共振器の中のレーザー媒質中で光の吸収と放出が繰り返されることにより光の発振状態が生まれることに起因する. すなわちレーザーでは発振しきい値以上（共振器の損失以上のエネルギーが外部から供給されている状態）において，光子の放出と吸収を繰り返しながら光強度が増加し，コヒーレント状態に近い光を発生させるのである.

3.5　第二量子化

　光と電子の相互作用の結果，光子数，電子数が増減する様子を記述するため，電子の第二量子化について説明する. 詳しい理論によると素粒子としての光子，電子は各々ボーズ粒子，フェルミ粒子に分類される. それはスピンの値が各々整数，半整数の素粒子である. 両種の粒子の古典論，量子論によるモデルを比

表 3.2 ボーズ粒子の古典論, 量子論の比較

	古典	量子化
光子 (フォノン, α 粒子, He な ど：調和振動子と同形のハミル トニアンをもつもの)： ボーズ粒子 (スピン：整数) (力 を伝達する粒子)	$\boldsymbol{E}$, $\boldsymbol{H}$ 波, マクスウェル方程式 $\dfrac{\partial^2 U}{\partial x^2} = \dfrac{1}{c^2}\dfrac{\partial^2 U}{\partial t^2}$ $U(x,t) =$ $A \exp\left[i\left(2\pi\nu t - kx\right)\right]$	$\hat{E}$, $\hat{H}$ $\hat{a}$, $\hat{a}^\dagger$ $E = h\nu\left(n + \dfrac{1}{2}\right)$ $\hat{a}^\dagger \hat{a}\,|n\rangle = n\,|n\rangle$ $(n = 0, 1, 2, \cdots)$ 粒子性

表 3.3 フェルミ粒子の古典論, 量子論の比較

	古典	量子化	第二量子化
電子 (プロトン, ニュー トロンなど)： フェルミ粒子 (スピン：半整数) (物質を構成する粒子)	x, p	$\hat{x}$, $\hat{p}$ $\Psi(x,t)$ 波 (?), シュレーディンガー方程式 $\left\{-\dfrac{\hbar^2}{2m}\dfrac{\partial^2}{\partial x^2} + \hat{U}(x)\right\}\Psi = i\hbar\dfrac{\partial\Psi}{\partial t}$ $\Psi(x,t) = \psi(x)\exp\left[-i\left(\dfrac{E}{\hbar}\right)t\right]$	$\hat{b}$, $\hat{b}^\dagger$ $|n\rangle$ ただし パウリの排他律 $(n = 0, 1)$

較すると各々表 3.2, 表 3.3 のようにまとめられるが, この二つの表を比較する と波動, 粒子的な性質に関して, 古典論, 量子論にずれを生じていることがわ かる. そこで上記の粒子の数の増減を考えるとき, 特にフェルミ粒子に関して 第二量子化を行い, ボーズ粒子の量子化と同等の結果を得る必要がある.

　第二量子化ができれば, ある場所におけるフェルミ粒子の生成, 消滅などを 表すことができる. たとえば結晶格子の第 l 番目のサイトでの生成, 消滅は生 成演算子 $\hat{b}_l^\dagger$, 消滅演算子 $\hat{b}_l$ によって各々

$$\hat{b}_l^\dagger\,|0\rangle = |\cdots 010\cdots 000\cdots\rangle \tag{3.156a}$$

$$\hat{b}_l\,|\cdots 010\cdots 000\cdots\rangle = |0\rangle \tag{3.156b}$$

と表される. ただしボーズ粒子, たとえば光子は考えている空間を一様に満た すので添字 l は位置ではなくエネルギー $h\nu$, 運動量 $\hbar\boldsymbol{k}$, スピン (偏光) $\boldsymbol{s}$ を 表すと考える. すなわち $l = \nu ks$ である.

　ここで第二量子化の手続きは次の二つの要件 (1), (2) と整合する必要がある. (1) 粒子の交換に関する同一性 同種の粒子二個を互いに入れ替えることを考える. 入れ換え前の状態を $|i\rangle$, 人

れ換えの演算子を $\hat{P}$, 入れ換え後の状態を $|f\rangle$ とすると $|f\rangle = \hat{P}|i\rangle$ であるが同種の粒子二個を互いに入れ換えた後の状態は元の状態と同じ (同一性) であることから $|f\rangle = c|i\rangle$ でなければならない. 従って $|i\rangle = \hat{P}|f\rangle = \hat{P}c|i\rangle = c|f\rangle = c^2|i\rangle$, すなわち $c = 1$, または -1 となる. 前者が成り立つ場合がボーズ粒子であり, 後者はフェルミ粒子である.

この性質と整合するようにフェルミ粒子の第二量子化を行う際, 一番目の格子点 $l = 1$ と二番目の格子点 $l = 2$ に粒子が一個ずつ存在する状態 $|\cdots 011\cdots\rangle$ は生成演算子 $\hat{b}_1^\dagger$, $\hat{b}_2^\dagger$ を用いて $\hat{b}_2^\dagger \hat{b}_1^\dagger |0\rangle$ または $\hat{b}_1^\dagger \hat{b}_2^\dagger |0\rangle$ のように書け, 両者は二つの格子点の間での同一粒子の交換に相当することに注意する. すなわち

$$入れ替え前の状態 \ |i\rangle = \hat{b}_2^\dagger \hat{b}_1^\dagger |0\rangle \tag{3.157}$$

$$入れ替え後の状態 \ |f\rangle = \hat{b}_1^\dagger \hat{b}_2^\dagger |0\rangle \tag{3.158}$$

である. これをもとにするとフェルミ粒子の第二量子化の手続きは生成, 消滅演算子 $\hat{b}_l^\dagger$, $\hat{b}_{l'}$ の間に反交換関係

$$\left[\hat{b}_{l'}, \hat{b}_l^\dagger\right]_+ = \hat{b}_{l'} \hat{b}_l^\dagger + \hat{b}_l^\dagger \hat{b}_{l'} = \delta_{ll'} \tag{3.159}$$

を課すことである.

なお, ボーズ粒子の場合には

交換関係

$$\left[\hat{a}_{l'}, \hat{a}_l^\dagger\right] = \delta_{ll'} \tag{3.160}$$

を課せばよいが, これは (3.117a), (3.117b) に相当する.

(2) パウリの排他率

フェルミ粒子はパウリの排他率に従う必要がある. すなわち同じエネルギー準位を占めるフェルミ粒子の数は一つである. これについて考えるため

$$|i\rangle = -|f\rangle \tag{3.161}$$

であることからはじめる. これは (3.157), (3.158) より

$$\hat{b}_2^\dagger \hat{b}_1^\dagger = -\hat{b}_1^\dagger \hat{b}_2^\dagger \tag{3.162}$$

と書けるが, 一般に

$$\hat{b}_l^\dagger \hat{b}_{l'}^\dagger = -\hat{b}_{l'}^\dagger \hat{b}_l^\dagger \tag{3.163a}$$

となる. 消滅演算子の場合にも

$$\hat{b}_l \hat{b}_{l'} = -\hat{b}_{l'} \hat{b}_l \tag{3.163b}$$

となるが, (3.163a) において $l = l'$ の場合

$$\left(\hat{b}_l^\dagger\right)^2 = -\left(\hat{b}_l^\dagger\right)^2 \tag{3.164}$$

であることから

$$\left(\hat{b}_l^\dagger\right)^2 = 0 \tag{3.165}$$

となる. 従って

$$\left(\hat{b}_l^\dagger\right)^2 |0\rangle = 0 \tag{3.166}$$

を得るが, これは二つのフェルミ粒子が生成されないこと, すなわちパウリの排他率を満たすことを意味している. また (3.163a), (3.163b) は各々生成演算子どうし, 消滅演算子どうしの反交換関係が 0 であることを意味している (ボーズ粒子の場合の交換関係 (3.117b) と同様).

なお, ボーズ粒子の場合には

$$|i\rangle = |f\rangle \tag{3.167}$$

より $\left(\hat{a}_l^\dagger\right)^2 = \left(\hat{a}_l^\dagger\right)^2$, $(\hat{a}_l)^2 = (\hat{a}_l)^2$ という自明の関係が得られる.

第二量子化の結果得られた生成演算子 $\hat{\Psi}^\dagger$ によりフェルミ粒子の状態は

$$\hat{\Psi}^\dagger |0\rangle = \sum_{l=-\infty}^{\infty} \psi_l(x) \hat{b}_l^\dagger |0\rangle = \sum_{l=-\infty}^{\infty} \psi_l(x) |\cdots 0001000 \cdots\rangle \tag{3.168}$$

と表される. ここで $\psi_l(x)$ はシュレーディンガー方程式の解であり, 粒子の空間分布を表す. 添え字 l は連続化も可能であり, 生成演算子 $\hat{\Psi}^\dagger$ および消滅演算子 $\hat{\Psi}$ で粒子の動きを表現することができる.

同様にボーズ粒子, 特に光子の状態は

$$\Phi^\dagger |0\rangle = \sum_{l=-\infty}^{\infty} \phi_l(E) \hat{a}_l^\dagger |0\rangle = \sum_{l=-\infty}^{\infty} \phi_l(E) |\cdots 0001000 \cdots\rangle \tag{3.169}$$

と表される. ただし $l = \nu k s$ であり, E は光の電場振幅である.

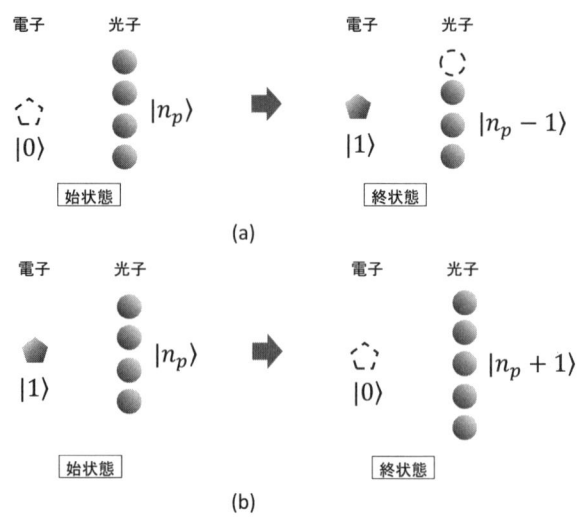

図 **3.7**　電子と光子との相互作用
(a) による光の吸収. (b) 光の放出

　フェルミ粒子を第二量子化した結果，電子と光子との相互作用による光の吸収は

$$\hat{a}_{\nu ks}\hat{b}_l^\dagger |n_p\rangle |0\rangle \to |n_p - 1\rangle |1\rangle \tag{3.170a}$$

により，さらに放出は

$$\hat{a}_{\nu ks}^\dagger \hat{b}_l |n_p\rangle |1\rangle \to |n_p + 1\rangle |0\rangle \tag{3.170b}$$

により表すことができる. すなわち電子と光子との相互作用の結果，両者がエネルギーをやりとりし図 3.7 に示すように粒子の数が増減する様子を各々の生成，消滅演算子により表すことができる [*4].

3.6　量子光学に潜む前提とそれがもたらす限界

　前節までの議論の中に潜む前提とそれがもたらす限界のうち，第 5 章以降の議

[*4]　電子などの荷電粒子の間の相互作用は古典光学，古典電磁気学では電磁場の近接作用によって理解されるが (2.1 節冒頭の脚注参照)，量子光学では光子の放出と吸収に起因するエネルギー，運動量の交換作用に他ならない. これは図 3.7 のように粒子の数の増減によって見通しよく表すことができる.

論と関連するものを以下に列挙する．次に DP の性質を調べる際に注意すべき上記の前提とそれがもたらす限界を記す．さらに，対応する DP の事情を記す．

(1) 量子力学の要請

(3.4) 中のハミルトニアンで表される平衡かつ孤立系のみを扱う．外部の熱浴との相互作用は考えない．

【DP の事情】　DP の含まれるナノ寸法の領域の周囲の巨視的寸法の領域が熱浴に相当し，両者は互いに相互作用する（6.2 節参照）．

(2) 時間を含む摂動法

上記 (1) のように平衡かつ孤立系のはずであるが，摂動という考え方で非平衡，開放系（外部からのエネルギーや光子数の流入がある場合）を近似的・現象論的に扱っている．また，このとき摂動エネルギー源のエネルギーは不変としている．

【DP の事情】　非平衡，開放系を扱う（6.2 節参照）．

(3) 電気双極子遷移の選択規則

長波長近似のもとで議論している．その結果, 電気双極子遷移の選択規則として (3.108) が得られる．たとえば電磁波が x 方向の偏波（直線偏波）$\boldsymbol{E}_0 = E_0(1,0,0)$ の場合, 電気双極子遷移が許容される条件は $\langle k|\,x\,|m\rangle \neq 0$ である．これは x 軸に関して状態 $|m\rangle$, $|k\rangle$ の偶奇性が異なる必要があることを意味する．

【DP の事情】　DP の空間的広がりはナノ寸法であり（6.2 節参照），波長に比べてずっと小さいので長波長近似は成り立たない．この場合, 上記の選択規則を求める際, $\boldsymbol{E}_0$ の値は座標とともに大きく変化することから (3.105) 中の $\langle k|\,e\boldsymbol{r}\,|m\rangle\,\boldsymbol{E}_0$ は $\langle k|\,e\boldsymbol{r}\cdot\boldsymbol{E}_0\,|m\rangle$ とする必要がある．その結果, たとえば上記のように電磁波が直線偏波の場合, 状態 $|m\rangle$, $|k\rangle$ の偶奇性が同じであっても (3.101) の値は 0 にはならず, 電気双極子遷移は許容される．

以上からわかるように電気双極子相互作用は長波長近似のもとに成り立つ現象であり，（光の波長：光の寸法）$\gg$（原子の大きさ）のときの第一近似として成り立つ．従って（光の波長：光の寸法）$\sim$（原子の大きさ）の場合には高次の現象として磁気双極子相互作用，電気四重極子相互作用が生ずる．

原子または物質の大きさを a, 光の空間的広がりの大きさを L とすると，電気双極子相互作用，磁気双極子相互作用，電気四重極子相互作用の大きさの比は

$1 : (a/L)^2 : (a/L)^2$ となるが,長波長近似が成り立つ場合には $(a/L)^2 \ll 1$ となり,電気双極子相互作用に比べ磁気双極子相互作用,電気四重極子相互作用は小さく無視できる.しかし DP の場合にはこの近似が成り立たず $(a/L)^2 \cong 1$ となるので,これら二つの高次の相互作用の効果が現れるのである.

(4) 光の量子化

波長より大きな寸法の空間を扱っている.従ってそこでは共振器を仮定でき,電磁場のモードを定義することで量子化が可能となる.言い換えると光の量子化は古典光学により定義された電磁場のモードの量子化である.これにより導出される光子の場,エネルギーは共振器内に均一に分布している.

【DP の事情】 波長より小さな寸法の空間を扱うので (6.1 節参照),共振器およびモードが定義できない.

(5) 低密度の原子集団の存在

光子の生成,消滅の際のエネルギー保存則を満たさなくてはならない.3.4.3 項では低密度の原子集団の存在を仮定し,これらの原子中の電子が光子と相互作用する際,エネルギーは保存されると近似した.

【DP の事情】 DP は微小な物質中に発生するので (6.1 節参照),物質の構成要素である高密度の原子集団の存在下で議論する必要がある.

4

光と物質の相互作用の理論とその限界

光と物質の相互作用の多くの例の中から，本章では第 5 章以降に関連する話題として光と巨視的な物質の相互作用，およびそれに起因する現象をとりあげる．さらにこれらの現象を記述するための従来理論に潜む前提とそれがもたらす限界を指摘する．

4.1 分子の解離現象

伝搬光による分子の解離の原理を概説する．簡単のために二原子分子を例にとろう．分子は原子から構成されており，さらに原子は原子核と電子から構成されている．原子核は電子に比べて非常に重いので電子に比べゆっくり運動する．言い換えると，電子は原子核の運動に応じて素早くその位置を変化させるのに対し，原子核は電子の運動の影響をほとんど受けない．従って二つの原子間距離 R が一定のまま電子だけが運動すると近似してよく，これはボルン・オッペンハイマー近似[1]，断熱近似と呼ばれている．このとき二つの原子間に働く力が斥力となるか，または引力となるかは R の値によって決まる．図 4.1 に示すように原子間の相互作用に関与する電子の基底状態のエネルギーが最小となる距離 R_0 が二原子の結合長である．また $R = \infty$ の場合は分子が解離している状態に相当する．$R = \infty$, R_0 の場合の電子基底状態のエネルギーの差が分子の結合エネルギーである．これは解離エネルギー E_{dis} とも呼ばれている．

次に光による分子の解離の可能性について考える．この場合でも断熱近似は成立する．すなわち原子核は重いので光に反応せず，解離エネルギーに相当する光子エネルギーをもつ光を入射しても分子は解離しない．解離させるには E_{dis}

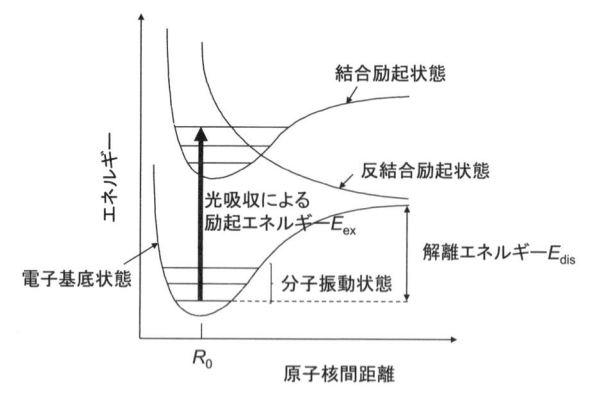

図 4.1　分子の原子核間距離と電子状態，分子振動状態のエネルギーとの関係

より大きな光子エネルギーを分子に与える必要がある．分子がこの光子エネルギーを吸収すると，R の値は変化しないまま電子のみが励起される．電子の励起状態では原子間の束縛が弱まるため，R の値は電子の R_0 より大きくなるはずである．しかし断熱近似では電子が励起された後でも R は R_0 のままなので，R は結合長からずれ，その結果分子は内部振動を始める．その振動運動を量子化すると，電子励起状態の中の分子振動準位と呼ばれているエネルギー準位として表すことができる．これは図 4.1 中の水平な数本の実線により表されている．この内部振動は光を放射せずエネルギーを失って緩和し，R は電子の励起状態での結合長に漸近していく．このように分子の内部振動が緩和する過程で，電子状態はポテンシャルが極小値をもつ励起状態（図 4.1 中の「結合励起状態」）から，極小値をもたない「反結合励起状態」へと遷移する場合がある．この遷移が起こった後，反結合励起状態では R が無限大の場合が最も安定なので，分子はさらにエネルギーを失い R が増大する．そして最後には $R = \infty$ となり，分子は解離する．なお，分子振動という運動の自由度は電子の状態にはよらず存在するので，図 4.1 には電子の基底状態中にも記してある．

　以上に記したように光により分子を解離するには電子を基底状態から励起状態へ遷移させる必要がある．そのために必要なエネルギーが励起エネルギー E_{ex} であり，これは解離エネルギー E_{dis} よりも大きい．この遷移は図 4.1 では電子基底状態から直上の励起状態への励起に相当する．光を用いた分子の解離にお

いて，この図の横軸に垂直な矢印で表される方向に遷移することはフランク・コンドン原理と呼ばれている[2]．この場合，光の吸収により電子のみが励起されるが，分子振動は励起されない．

4.2 素励起モードと励起子ポラリトン

多体系の励起状態は素励起または準粒子と呼ばれており，その複雑な振る舞いは古くから議論され[3]，運動量 p とエネルギー E との関係 $E = E(p)$，すなわち (2.28) にも示した分散関係が調べられている．固体中の素励起の第一の例として結晶中の格子振動の基準モードであるフォノンがある．4.1 節の二原子分子の場合，この格子振動は分子の内部振動に相当する．ただし格子振動の場合，その運動は集団的なので，フォノンの全数は結晶格子の数とは無縁である．フォノンの運動量は基準振動の波数 k を用いて $p = \hbar k$ と表されるが，これは個々の結晶格子の力学的な運動量とは異なる．エネルギーは基準振動の角周波数 ω により $E = \hbar\omega$ と表される．

第二の例としてプラズモンがある．これは電子気体中の電子密度の集団運動に相当する．その他，ポラロンは伝導電子と光学フォノンとの結合に起因する準粒子である．マグノンはスピン密度波の集団モードに相当する．励起子は固体中の電子・正孔対を一つの粒子と見なした準粒子である．励起子の極限的な場合として，励起子中の電子と正孔との距離（励起子のボーア半径）が結晶の原子間距離より小さい場合はフレンケル励起子と呼ばれている．ボーア半径が結晶の原子間距離より大きい場合はワニエ励起子と呼ばれている．

以下では励起子を例にとり光と物質の相互作用を考えよう．光子が巨視的寸法をもつ物質に入射すると，光子は物質に吸収され励起子が発生する．その後，この励起子が消滅し光子が発生する．この繰り返しの現象が物質を満たす．すなわち光子と励起子が互いに時間的および空間的に逆位相で生成，消滅を繰り返している．3.4, 3.5 節によれば光子と励起子の相互作用を粒子数の増減，すなわち粒子の生成，消滅演算子により表すことができる．

生成，消滅の繰り返しの現象は光子と励起子の相互作用により新しい分散関係とエネルギーをもった定常状態が物質全体にわたり形成されることを意味す

る. このような定常状態をとる準粒子は励起子ポラリトンと呼ばれている. こ
こでは角周波数 ω_o をもつ光と角周波数 ω_e をもつ分極振動が相互作用している
ので, これら二つの振動子を結合させて新たな角周波数 Ω_1, Ω_2 をもつ基準振
動を生じることに相当している.

励起子ポラリトンのハミルトニアンは

$$\hat{H} = \hbar\omega_o\hat{a}^\dagger\hat{a} + \hbar\omega_e\hat{b}^\dagger\hat{b} + \hbar D \left(\hat{a} + \hat{a}^\dagger\right)\left(\hat{b} + \hat{b}^\dagger\right) \tag{4.1}$$

と表すことができる. ここでは巨視的な寸法をもつ物質を扱っているので, そ
の中に量子化のための共振器を想定することができることから, 右辺第一項は
エネルギー $\hbar\omega_o$ の光子の非摂動ハミルトニアンに他ならず, それは想定した共
振器と共鳴している. 第二項はエネルギー $\hbar\omega_e$ の励起子の非摂動ハミルトニア
ンである. 第三項は光子と励起子の相互作用ハミルトニアンであり. $\hbar D$ は相
互作用エネルギーを表す[4]. $\hat{a}$, $\hat{a}^\dagger$ は光子の消滅, 生成演算子である. $\hat{b}$, $\hat{b}^\dagger$ は
励起子の消滅, 生成演算子であり,

$$\begin{cases} \hat{b} = \dfrac{1}{\sqrt{N}} \sum_l e^{-i\boldsymbol{k}\cdot\boldsymbol{l}}\hat{b}_l \\ \hat{b}^\dagger = \dfrac{1}{\sqrt{N}} \sum_l e^{i\boldsymbol{k}\cdot\boldsymbol{l}}\hat{b}_l^\dagger \end{cases} \tag{4.2}$$

と表される. ここで N は結晶中の格子の全サイト数, $\boldsymbol{k}$ は波数ベクトルであ
る. また

$$\hat{b}_l = \hat{e}_{\boldsymbol{l},c}\hat{h}_{\boldsymbol{l},v}, \hat{b}_l^\dagger = \hat{e}_{\boldsymbol{l},c}^\dagger\hat{h}_{\boldsymbol{l},v}^\dagger \tag{4.3}$$

と表される. 右辺の $\hat{e}_{\boldsymbol{l},c}$, $\hat{e}_{\boldsymbol{l},c}^\dagger$ は各々サイト $\boldsymbol{l}$ にある原子の伝導帯中の電子の
消滅, 生成演算子である. $\hat{h}_{\boldsymbol{l},v}$, $\hat{h}_{\boldsymbol{l},v}^\dagger$ は各々サイト $\boldsymbol{l}$ にある原子の価電子帯中
の正孔の消滅, 生成演算子である.

(4.1) のハミルトニアンから励起子ポラリトンの固有状態と固有値, 分散関係
を求めるために光子と励起子が同時に生成, 消滅する項 $\hat{a}^\dagger\hat{b}^\dagger$, $\hat{a}\hat{b}$ を無視すると

$$\hat{H} = \hbar \left(\omega_o\hat{a}^\dagger\hat{a} + \omega_e\hat{b}^\dagger\hat{b}\right) + \hbar D \left(\hat{b}^\dagger\hat{a} + \hat{a}^\dagger\hat{b}\right) \tag{4.4}$$

となる. これは回転波近似と呼ばれている.

次に, 新たな固有角周波数 Ω_1, Ω_2 に対応する励起子ポラリトンの生成演算
子 $\hat{\xi}_1^\dagger$, $\hat{\xi}_2^\dagger$ および消滅演算子 $\hat{\xi}_1$, $\hat{\xi}_2$ を導入する. これらによりハミルトニアン

$\hat{H}$ が対角化（3.2.1 項 (8)c 参照）されると仮定し (4.4) を

$$\hat{H} = \hbar \left(\Omega_1 \hat{\xi}_1^\dagger \hat{\xi}_1 + \Omega_2 \hat{\xi}_2^\dagger \hat{\xi}_2 \right) = \hbar \left(\hat{b}^\dagger, \hat{a}^\dagger \right) A \begin{pmatrix} \hat{b} \\ \hat{a} \end{pmatrix}$$
$$= \hbar \left(a_{11} \hat{b}^\dagger \hat{b} + a_{12} \hat{b}^\dagger \hat{a} + a_{21} \hat{a}^\dagger \hat{b} + a_{22} \hat{a}^\dagger \hat{a} \right) \tag{4.5}$$

と書く．ここで A は二行二列の行列であり，その行列要素は

$$A = \begin{pmatrix} a_{11} & a_{12} \\ a_{21} & a_{22} \end{pmatrix} = \begin{pmatrix} \omega_e & D \\ D & \omega_o \end{pmatrix} \tag{4.6}$$

である．ユニタリ変換行列

$$U = \begin{pmatrix} u_{11} & u_{12} \\ u_{21} & u_{22} \end{pmatrix} \tag{4.7a}$$

を用いて

$$\begin{pmatrix} \hat{b} \\ \hat{a} \end{pmatrix} = U \begin{pmatrix} \hat{\xi}_1 \\ \hat{\xi}_2 \end{pmatrix} \tag{4.7b}$$

と表し，これを (4.5) に代入すると

$$\hbar \left(\hat{b}^\dagger, \hat{a}^\dagger \right) A \begin{pmatrix} \hat{b} \\ \hat{a} \end{pmatrix} = \hbar \left(\hat{\xi}_1^\dagger, \hat{\xi}_2^\dagger \right) U^\dagger A U \begin{pmatrix} \hat{\xi}_1 \\ \hat{\xi}_2 \end{pmatrix} \tag{4.8}$$

を得る．対角化された結果が $U^\dagger A U$ なので，これを

$$U^\dagger A U = \begin{pmatrix} \Omega_1 & 0 \\ 0 & \Omega_2 \end{pmatrix} \equiv \Lambda \tag{4.9}$$

と置くと $AU = U\Lambda$ を得，成分表示すると

$$\begin{pmatrix} \omega_e - \Omega_j & D \\ D & \omega_o - \Omega_j \end{pmatrix} \begin{pmatrix} u_{1j} \\ u_{2j} \end{pmatrix} = 0 \tag{4.10}$$

となる．この係数行列の行列式に対する永年方程式より

$$\left(\Omega_j - \omega_e \right) \left(\Omega_j - \omega_o \right) - D^2 = 0 \tag{4.11}$$

が得られ，これにより Ω_j の値を求めると励起子ポラリトンの固有エネルギー

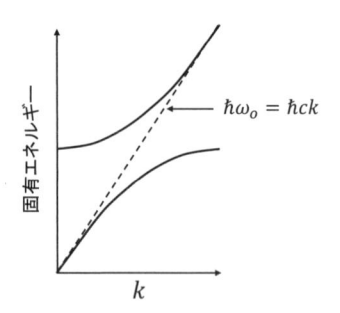

図 **4.2**　励起子ポラリトンの分散関係

として

$$\hbar \Omega_j = \hbar \left[\frac{\omega_e + \omega_o}{2} \pm \frac{\sqrt{(\omega_e - \omega_o)^2 + 4D^2}}{2} \right] \tag{4.12}$$

を得る. $\omega_o = ck$（ただし $k = |\boldsymbol{k}|$）を使い, k の関数として励起子ポラリトンの固有エネルギーの値を表すと分散関係が得られる. それを図 4.2 に示す. U のユニタリ性と (4.10) とを用いると

$$\begin{cases} u_{2j} = -\dfrac{\omega_e - \Omega_j}{D} u_{1j} \\ u_{1j}^2 + u_{2j}^2 = 1 \end{cases} \tag{4.13}$$

$$(j = 1, 2)$$

を得るので,

$$\left\{ 1 + \left(\frac{\omega_e - \Omega_j}{D} \right)^2 \right\} u_{1j}^2 = 1 \tag{4.14}$$

となる. これより励起子ポラリトンの固有ベクトルの成分として

$$u_{1j} = \left\{ 1 + \left(\frac{\omega_e - \Omega_j}{D} \right)^2 \right\}^{-1/2} \tag{4.15a}$$

$$u_{2j} = -\left(\frac{\omega_e - \Omega_j}{D} \right) \left\{ 1 + \left(\frac{\omega_e - \Omega_j}{D} \right)^2 \right\}^{-1/2} \tag{4.15b}$$

を得る. 以上により励起子ポラリトンの定常状態は (4.12), (4.15) で表される.

(4.12) で与えられる $\hbar\Omega_1$ と $\hbar\Omega_2$ の和をとると, それは相互作用のない場合の励起子のエネルギーと光子のエネルギーの和 $\hbar(\omega_e + \omega_o)$ に等しいが, これは

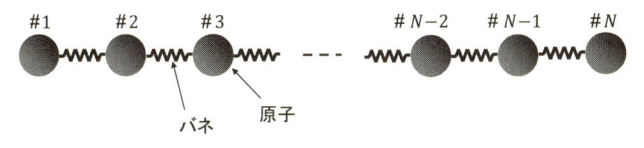

図 **4.3** 結晶中の原子のバネモデル

光子の消滅, 生成と励起子の消滅, 生成とが互いに逆位相であることに起因している. また, 励起子ポラリトンの古典的な描像は光波と励起子の分極場からなる連成波であるので, その波の振幅の時間 t および空間 $\boldsymbol{x}$ 依存性は三角関数の複素表示を用いて $\exp\left[i\left(\Omega_j t - \boldsymbol{k}\cdot\boldsymbol{x}\right)\right]$ と表される. ここで Ω_j は (4.12) 中の角周波数である. 従って線形性が保存される. すなわち n 個の光子と n 個の励起子が存在する場合でも連成波の振幅の二乗が n 倍になるだけであり, その角周波数は Ω_j のままである.

4.3 フォノン

準粒子の一つであるフォノンについて考える. まず古典力学で取り扱うために図 4.3 に示すように結晶中の原子が N 個バネで繋がれている一次元モデルを採用する. この場合の原子の振動が格子振動に相当し, その運動のハミルトニアンは

$$H = \sum_{i=1}^{N} \frac{\boldsymbol{p}_i^2}{2m_i} + \sum_{i=1}^{N-1} \frac{k}{2}\left(\boldsymbol{x}_{i+1} - \boldsymbol{x}_i\right)^2 + \sum_{i=1,N} \frac{k}{2}\boldsymbol{x}_i^2 \tag{4.16}$$

と表される. ここで $\boldsymbol{x}_i$, $\boldsymbol{p}_i$, m_i は各々 i 番目の原子の平衡位置からの変位, 運動量, 質量であり, k はバネ定数である. 運動が一次元方向に限定されており, またバネの両端は固定されているので, 縦波のみを考えればよい. 従ってこれは縦波音響フォノンと縦波光学フォノンとに相当する. 三次元形状をもつ物質の場合にはさらに二つの横波音響フォノン, 二つの横波光学フォノンがこれらに加わる. (4.16) をもとにハミルトン方程式

$$\begin{aligned} \frac{d}{dt}\boldsymbol{x}_i &= \frac{\partial H}{\partial \boldsymbol{p}_i} \\ \frac{d}{dt}\boldsymbol{p}_i &= -\frac{\partial H}{\partial \boldsymbol{x}_i} \end{aligned} \tag{4.17}$$

により運動方程式を行列表示すると

$$M\frac{d^2}{dt^2}\boldsymbol{x} = -k\Gamma\boldsymbol{x} \tag{4.18}$$

となる. ただし

$$M = \begin{pmatrix} m_1 & 0 & \cdots & 0 \\ 0 & m_2 & \cdots & \vdots \\ \vdots & \vdots & \ddots & 0 \\ 0 & \cdots & 0 & m_N \end{pmatrix} \tag{4.19a}$$

$$\Gamma = \begin{pmatrix} 2 & -1 & & \\ -1 & 2 & \cdots & \\ & \vdots & \ddots & -1 \\ & & -1 & 2 \end{pmatrix} \tag{4.19b}$$

$$\boldsymbol{x} = \begin{pmatrix} \boldsymbol{x}_1 \\ \boldsymbol{x}_2 \\ \vdots \\ \boldsymbol{x}_N \end{pmatrix} \tag{4.19c}$$

である. (4.18) を解くため, 両辺に左から行列 $\sqrt{M}^{-1}$ (その行列要素は $(\sqrt{M})_{ij} = \delta_{ij}\sqrt{m_i}$) を掛けると左辺は

$$\sqrt{M}\frac{d^2}{dt^2}\boldsymbol{x} \tag{4.20a}$$

右辺は

$$-k\sqrt{M}^{-1}\Gamma\sqrt{M}^{-1}\sqrt{M}\boldsymbol{x} \tag{4.20b}$$

となる. ここで

$$\boldsymbol{x}' = \sqrt{M}\boldsymbol{x}, \quad A = \sqrt{M}^{-1}\Gamma\sqrt{M}^{-1} \tag{4.21}$$

と置くと, 行例 A は対称行列なので直交行列 P (その行列要素は後掲の (4.35)) を使って対角化できる. こうして対角化された行列を Λ と書くと

$$\Lambda = P^{-1}AP \tag{4.22}$$

であり，これを成分表示すると

$$(A)_{pq} = \delta_{pq} \frac{\Omega_p^2}{k} \tag{4.23}$$

(Ω_p は振動の角周波数）となり，

$$\frac{d^2}{dt^2} \boldsymbol{x}' = -kA\boldsymbol{x}' = -kPAP^{-1}\boldsymbol{x}' \tag{4.24}$$

を得る．

(4.24) の両辺に左から行列 P^{-1} をかけ，

$$\boldsymbol{y} = P^{-1}\boldsymbol{x}' \tag{4.25}$$

とおくと

$$\frac{d^2}{dt^2} \boldsymbol{y} = -kA\boldsymbol{y} \tag{4.26a}$$

これを成分表示すると

$$\frac{d^2}{dt^2} \boldsymbol{y}_p = -\Omega_p^2 \boldsymbol{y}_p \tag{4.26b}$$

となり，独立な調和振動子の集合として記述される．$\boldsymbol{y}$ は基準座標と呼ばれている．これらの調和振動子を記述する基準座標の変数の数は原子の数 N と同等であり，各変数はモード番号 p で指定される．これは原子のサイト番号ではなく，また振動の波数などとも関係していない．$\boldsymbol{x}$ と $\boldsymbol{y}$ との間の関係は直交行列 P によって

$$\boldsymbol{x} = \sqrt{M}^{-1} P\boldsymbol{y} \tag{4.27}$$

と表されるが，これを成分表示すると

$$\boldsymbol{x}_i = \frac{1}{\sqrt{m_i}} \sum_{p=1}^{N} P_{ip} \boldsymbol{y}_p \tag{4.28}$$

となる．

次に量子力学で取り扱うために変位 $\boldsymbol{y}_p$ および運動量 $\boldsymbol{\pi}_p = (d/dt)\,\boldsymbol{y}_p$ を (4.16) に代入した後，演算子の記号 $\hat{\boldsymbol{y}}_p$, $\hat{\boldsymbol{\pi}}_p$ を使うと

$$\hat{H}\left(\hat{\boldsymbol{y}}, \hat{\boldsymbol{\pi}}\right) = \sum_{p=1}^{N} \frac{\hat{\boldsymbol{\pi}}_p^2}{2} + \sum_{p=1}^{N} \Omega_p^2 \frac{\hat{\boldsymbol{y}}_p^2}{2} \tag{4.29}$$

を得る．この式の右辺は (3.68) 左辺，(3.113) 右辺と同形であることに注意し，

光の場合と同様に交換関係

$$[\hat{\boldsymbol{y}}_p, \hat{\boldsymbol{\pi}}_q] = \hat{\boldsymbol{y}}_p \hat{\boldsymbol{\pi}}_q - \hat{\boldsymbol{\pi}}_q \hat{\boldsymbol{y}}_p = i\hbar\delta_{pq} \tag{4.30}$$

を課す. さらに演算子 $\hat{c}_p$, $\hat{c}_p^\dagger$ を

$$\hat{c}_p = \frac{1}{\sqrt{2\hbar\Omega_p}}\left(\Omega_p\hat{\boldsymbol{y}}_p + i\hat{\boldsymbol{\pi}}_p\right) \tag{4.31}$$

$$\hat{c}_p^\dagger = \frac{1}{\sqrt{2\hbar\Omega_p}}\left(\Omega_p\hat{\boldsymbol{y}}_p - i\hat{\boldsymbol{\pi}}_p\right) \tag{4.32}$$

と定義すると, ボーズ粒子の交換関係

$$\left[\hat{c}_p, \hat{c}_q^\dagger\right] \equiv \hat{c}_p\hat{c}_q^\dagger - \hat{c}_q^\dagger\hat{c}_p = \delta_{pq} \tag{4.33}$$

が得られる. 演算子 $\hat{c}_p$, $\hat{c}_p^\dagger$ はエネルギー $\hbar\Omega_p$ をもったモード p のフォノンの消滅, 生成演算子であり, これらを用いると (4.29) は

$$\hat{H}_{\mathrm{phonon}} = \sum_{p=1}^{N} \hbar\Omega_p\left(\hat{c}_p^\dagger\hat{c}_p + \frac{1}{2}\right) \tag{4.34}$$

となる.

各原子の質量がすべて等しい場合 ($m_i = m$), 行列要素

$$P_{ip} = \sqrt{\frac{2}{N+1}}\sin\left(\frac{ip}{N+1}\pi\right) \tag{4.35}$$

($1 \le i, p \le N$) をもつ正規直交行列 P により (4.21) 中の行列 A が対角化され, 固有角周波数は

$$\Omega_p = 2\sqrt{\frac{k}{m}}\sin\left[\frac{p}{2(N+1)}\pi\right] \tag{4.36}$$

となる[5]. この場合の格子振動の波は結晶全体に広がった形をしている.

しかし結晶中に不純物や格子欠陥が含まれていると波は一般には (4.35), (4.36) のように三角関数を用いて書くことができない. 一例としてここで扱う不純物は質量のみが他とは異なり, バネ定数は同じであるような原子とする. このときの格子振動の特性は図 4.4 に示すように不純物原子の位置や周囲の原子の質量との大小関係に大きく依存する. 特に不純物の質量が周囲の原子よりも小さい場合, 局在モードと呼ばれる特別なモードが存在する[6~9]. すなわち図 4.4 に

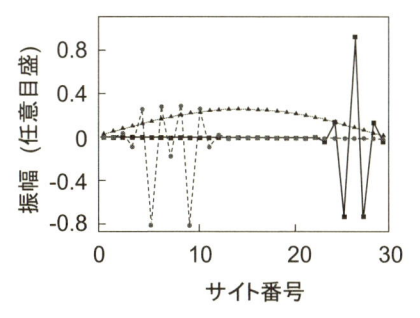

図 4.4 各振動モードの振動振幅

モード数 N が 30 の場合. 不純物原子は 5, 9, 18, 25, 26, 27 番目のサイトに存在. その質量は周囲の原子の 0.5 倍. $\hbar\sqrt{k/m} = 22.4\,\mathrm{meV}$. ■, ●は各々第一, 第二の局在モード. ▲は非局在モード.

示すように, 通常の振動モードは系全体に振動が広がり, 非局在モードとなっているのに対し, 局在モードでは振動が不純物原子の位置に局在する. この図によると複数の不純物原子が互いに隣接して存在すると局在しやすいことがわかる. なお, 局在モードは非局在モードよりも高い振動数, すなわち大きな振動エネルギーをもつ. なぜなら軽い原子と重い原子とを比較すると, 軽い原子の方が動きやすく, 振動の振幅が大きいからである.

4.4 間接遷移型半導体

半導体の発光素子 (発光ダイオード (LED), レーザーなど) から発生する光の波長 λ はこれらの素子の材料である半導体のバンドギャップエネルギー E_g により決まり $\lambda = E_g/hc$ である. 従来の発光素子には直接遷移型半導体が使われている. その一つである InGaAsP の λ は $1.00\,\mu\mathrm{m}$〜$1.70\,\mu\mathrm{m}$ ($E_g=0.73\,\mathrm{eV}$〜$1.24\,\mathrm{eV}$) であり光ファイバ通信に使われる赤外線としてよく知られている[10, 11]. この他の例として GaN は可視光領域で使われ, その λ は $365\,\mathrm{nm}$ ($E_g = 3.40\,\mathrm{eV}$) である. 次に間接遷移型半導体について考えよう. 図 4.5 の二つの曲線は伝導帯, 価電子帯中の電子, 正孔の分散関係である. すなわち図 4.2 と同様, 運動量の関数としてエネルギーの値を表している. ここで半導体から光を発生させるには各々伝導帯, 価電子帯に生成される電子, 正孔を再結合させる必要がある. しかし図 4.5 中の二つの曲線の底, 頂点における運動量の値は互いに異なるの

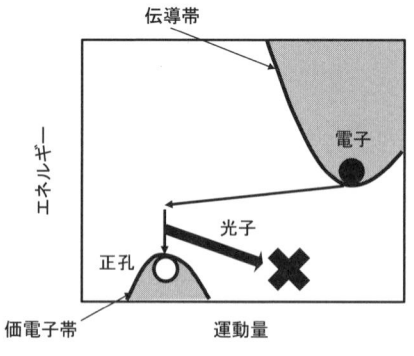

図 4.5 間接遷移型半導体の分散関係

で運動量の異なる電子と正孔とが再結合しなければならない．その際，運動量保存則を満たすためには光子の他に運動量をもつフォノンをも同時に生成または消滅させる必要がある．すなわち間接遷移型半導体では光と電子の相互作用および電子とフォノンの相互作用を通じて帯間遷移する必要があるが，その遷移確率は低い．従って間接遷移型半導体では自然放出の確率が小さく，発光効率が低い．

シリコン（Si）は電子回路素子の材料として古くから使われているが，これは間接遷移型半導体なので上記の理由により発光効率が低く，従って Si は長年にわたり発光素子用材料としては不適当と考えられてきた．

4.5 光と物質の相互作用の理論に潜む前提とそれがもたらす限界

本節では前節までの議論の中に潜む前提とそれがもたらす限界のうち，第5章以降の議論と関連するものを以下に列挙する．次に DP の性質を調べる際に注意すべき上記の前提とそれがもたらす限界を記す．さらに，対応する DP の事情を記す．

（1）分子の解離現象

光を用いて分子を解離するための従来方法では断熱近似が成立することを前提としている．これは長波長近似に基づき，電気双極子許容遷移を仮定している．すなわち光により電子のみが励起される．

【DP の事情】　DP の寸法，それが生成される物質の寸法は光の波長以下なので（6.1 節）長波長近似が成り立たない．従って長波長近似のもとで禁制されていた電気双極子遷移が許容される．また，この光化学反応にフォノンが関与するので，分子振動も励起される．従って断熱近似およびフランク・コンドン原理に基づく取り扱いはできない．

（2）素励起モードと励起子ポラリトン

光の量子化の場合と同様，素励起モードを扱う議論においても巨視的な空間を前提とし，モードを定めている．たとえば励起子ポラリトンの場合，光は巨視的寸法をもつ物質に入射するので，量子化のための共振器が想定でき，特定のモードの場の量子化が可能となっている．その結果，分散関係，モードの概念が成立する．また，4.2 節末尾に記したように連成波としての励起子ポラリトンの振幅の時間および空間依存性は三角関数で表される．

【DP の事情】　DP の寸法，それが生成される物質の寸法は光の波長以下なので上記の三角関数では表されず（6.1 節），その結果，時間的，空間的に変調されスペクトルに変調の側波帯が生ずる．

（3）フォノン

従来のフォノンに関する理論では多くの場合，巨視的寸法の結晶を扱っている．また，結晶格子の各サイトにある原子がすべて同じことが前提となっている．その結果，格子振動の波は結晶全体に広がった形をしている．すなわち非局在フォノンである．また，ラマン効果などの光学現象では，これらに関与するフォノンの数は一つ程度である．

【DP の事情】　結晶中に DP を発生させる場合，結晶の寸法は小さい．また，異種原子を含む場合を扱うので，フォノンは局在する．また関与するフォノンの数は複数である．

（4）間接遷移型半導体

間接遷移型半導体が光りにくい理由の説明には電子とフォノンの相互作用の確率が低いことが前提となっている．図 4.1 の分子では振動の自由度を考慮しているが，半導体に関する図 4.5 ではフォノン，すなわち格子振動の自由度を無視している．

【DP の事情】　DP によりこの確率が大きくなるので，間接遷移型半導体の

発光効率は高まる（8.2節）．これはフォノンが関与することにより可能となっている．

5

新しい光を学ぶ

第6, 7章ではドレスト光子（dressed photon: DP）の振る舞いを記述する理論の概略を説明するが，DP は古典光学，量子光学，光と物質の相互作用の理論の扱う範囲を逸脱している．図1.1 に示したように古典光学，量子光学，光と物質の相互作用の理論の扱う分野はオンシェル（on-shell）科学，DP に関する分野はオフシェル（off-shell）科学と呼ばれていることに注意して議論を進める．後者では第2〜4章で説明した予備知識を適宜に使うが，そこに潜む前提とそれがもたらす限界にも注意する．次に第8章では DP の原理に基づいた各種技術を紹介する．第9章では本書のまとめと将来展望を記す．

5.1 オフシェル領域の光子

第6, 7章で説明する DP の性質に起因し従来の光科学，物質科学の原理では説明できない新奇な光学現象が多数見つかっている[1,2]．本章ではこれらの現象に関する質問を提示することから始め，オフシェルとオンシェルを対比しつつ DP について概説し，第6章以降のねらいについて記す．

5.1.1 こんな光学現象は可能か？

近年相次いで見つかっている新奇な光学現象について説明するため，下記の質問を提示しよう．

[質問 1]

ガラスファイバの先端をナノ寸法まで尖らせ，側面に不透明膜を塗布する．その結果，先端部のみに透明なガラスが露出しナノ寸法の開口が形成される．

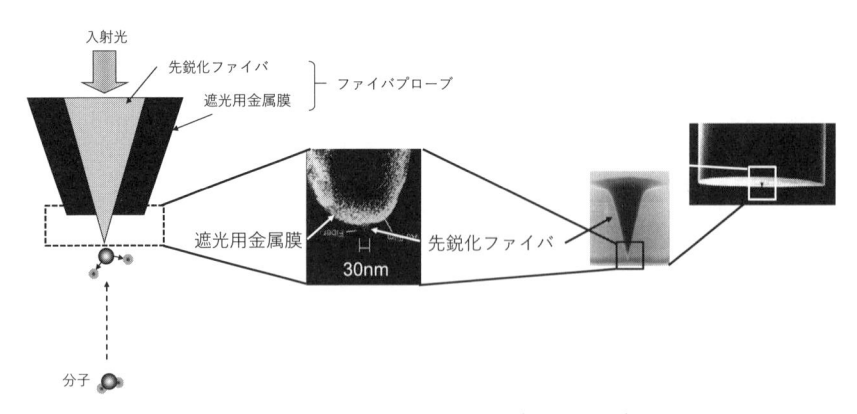

図 5.1　可視光とファイバプローブを使った分子の解離

このような開口付きの先鋭化ガラスファイバはファイバプローブ（以下ではプローブと略記する）と呼ばれており，これは本書で扱う技術分野の黎明期以来よく使われている部品である．さて，このプローブを真空容器内に設置し，さらに分子気体もこの容器に封入する．そしてプローブの後端部に光を入射する．

　ここで質問であるが，気体中の分子が真空中を浮遊しつつ，図 5.1 に示すようにプローブ先端の開口近くに飛来したとき，この分子は解離するであろうか？

　[質問 2]

　二つの電子エネルギー準位を考え，これらの状態関数は互いに同じ偶奇性をもつとする．この電子に光があたった時，これらのエネルギー準位で遷移が起こるだろうか？

　[質問 3]

　シリコン（Si）結晶を用いて発光ダイオードやレーザーを作ることができるだろうか？

　[質問 4]

　紫外線を吸収することにより解離する分子の気体を真空容器に封入する．この分子に可視光を照射したとき，これらの分子は解離するだろうか？

　オンシェル科学（第 2～4 章の原理に基づく従来の光科学）の原理に従うとこれらの四つの質問に対する答えはすべて「否」である．なぜならば，

　[質問 1 の答えの理由]

　開口の寸法は可視光の波長よりずっと小さいので，このプローブは可視光に

対して遮断導波路になっているからである（2.2.3項参照）．すなわちプローブ先端には光の場のモードはなく，分子には光があたらない．

[質問2の答えの理由]

同じ偶奇性をもつエネルギー準位間の電気双極子遷移は禁止されているからである（3.3.2項参照）．

[質問3の答えの理由]

Siは間接遷移型半導体だからである（4.4節参照）．

[質問4の答えの理由]

可視光の光子エネルギーは紫外線に比べ低く，分子の励起エネルギー以下だからである（4.1節参照）．

しかし今ではこれらの質問に対する答えはすべて「可」となっており，従来の光科学を支配してきた常識が覆されている．この変革はオフシェル科学によりもたらされた．

5.1.2　オンシェル対オフシェル

図5.2の二つの曲線は励起子ポラリトンの分散関係（運動量pとエネルギーEの関係）であり，図4.2の二つの曲線を再掲したものである．励起子ポラリトン以外の準粒子も図5.2の曲線と同様の分散関係をもっている．ここではこの曲線の周囲には灰色で塗られた広い空間があることに注意しよう．準粒子はこの空間にも生成される．この空間の寸法が広いことから，この準粒子は次のような独特な性質をもつ．

(1) 水平方向の両矢印で表されるように，この準粒子の運動量p（$= \hbar k$．kは波数，$\hbar = h/2\pi$，hはプランクの定数）の不確定性Δpは大きい．これは運動量が保存されないことを意味する．ひいてはハイゼンベルグの不確定性原理$\Delta p \cdot \Delta x \geq \hbar$（$\Delta k \cdot \Delta x \geq 1$）（3.2.1項(4)参照）より，この準粒子の位置xの不確定性Δxが小さいことを表すが，これはこの準粒子の寸法が小さいことを意味する．さらにこの場合Δkの値が大きく$\Delta k >> k$なので$\Delta x << \lambda$（光の波長）となる．言い換えるとこの準粒子の場は空間的に均一ではなく変調され光波長以下の小さな寸法の空間に局在している．

(2) 垂直方向の両矢印で表されるように，この準粒子のエネルギーEも広い範

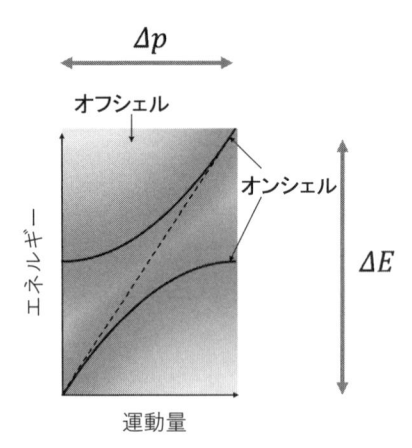

図 5.2　運動量とエネルギーとの間の分散関係
実線の二つの曲線は励起子ポラリトンの分散関係. 破線の直線は自由空間中の光の分散関係.
緑色の空間はドレスト光子を表す.

囲の値をとる. これはエネルギーの不確定性 ΔE が大きく, エネルギーが保存
されないことを意味する. ひいてはハイゼンベルグの不確定性原理 $\Delta E \cdot \Delta t \geq \hbar$
より, 時間の不確定性 Δt が小さいことを表すが, これはこの準粒子が短時間
のうちに生成, 消滅することを意味する. 言い換えると, この準粒子のエネル
ギー (周波数に比例: (3.129) 参照) は時間的に変調されており, 多くの変調側
波帯をもっている.

　上記のうち (1) で表される小寸法は, この準粒子がナノ物質中に生成され, そ
の場の一部がナノ物質の表面から外に染み出していることを意味している. こ
のように染み出した場は近接場光と呼ばれている[3]. (2) は短時間での生成, 消
滅を表しているが, これはこの準粒子が仮想光子であることを意味している.
(1), (2) の二つの性質を統一的に記述する物理的な描像が DP である.

　図 5.2 の二つの曲線で表される励起子ポラリトンは光の波長よりずっと大き
な寸法をもつ巨視的物質中の準粒子である. この準粒子は巨視的物質に満ちた
大きな光の場であり, 第 2～4 章の概念では遠方へと伝搬する光である. これは
実光子 (または自由光子) と呼ばれており, その運動量とエネルギーは保存さ
れている ($\Delta p = 0$, $\Delta E = 0$).

　量子場の理論では図 5.2 の二つの曲線はオンシェル (on-shell) と呼ばれてい

る[4〜6]. 一方, 灰色の領域はオフシェル (off-shell) と呼ばれている. オンシェルにある量子場が実光子でありその運動量とエネルギーは保存されている. 一方, オフシェルにあるのが DP であり, その運動量とエネルギーは保存されない. なお DP の生成確率は二つの曲線から遠ざかるにつれ減少するので, その値の大小を灰色のグラデーションで表している [*1].

近接場光学という光科学技術では近接場光が研究開発された. 一般に科学技術は古典時代, 現代に分けられるが, 近接場光学では高分解能顕微法の提案によって古典時代が始まった[8]. その後この提案はマイクロ波を使った実験によって検証された[9]. また, 光の波長より小さな寸法の開口を透過する電磁場の回折と放射を解析する理論的研究も行われた[10,11]. その後, 試料の顕微鏡画像を分析するために多体系の問題を解く自己無撞着理論も開発された[12]. 多くの研究機関が同時期に近接場光学顕微法の実験研究に着手し, 光波長以下の寸法の試料の形や構造を測定・分析する新しい手法が開発された[13]. しかし古典時代でのこれらの研究はすべて古典光学の枠組みで行われていたのである.

近接場光が顕微法に使われる場合, 致命的な問題は非破壊測定が不可能であるということであった. なぜならば近接場光のエネルギーがファイバプローブ先端と試料の間で移動することにより試料の光学的特性が変化するからである. このように非破壊性が保障されないことは上記の多体系の問題でもすでに指摘されており, 近接場光を顕微法に応用するのは適切ではないことを意味することから, 近接場光学の古典時代を脱することが強く望まれ, 現代的研究が始まった.

現代では上記の科学技術はナノ空間における光と物質の相互作用の研究として発展している. なぜならば互いに近くにおかれたナノ寸法の物質 (ナノ物質) はオフシェル領域にある光子に媒介されて相互作用するからである. この研究はナノ物質の種類に依存して二つの方向に進んだ. そのうちの一つは分子や微小な半導体を使う方向である. これらの試料における光と物質の相互作用は分子中の電子または半導体中の電子・正孔対の離散的エネルギー準位を考慮して

[*1] 特殊相対性理論で使われているミンコフスキー時空と比べると図 5.2 の破線の直線 (真空中の光子) は光的領域, 二つの曲線 (物質中の光子, すなわち励起子ポラリトンなど) は時間的領域に相当する. ただし領域とはいっても直線, 曲線で表されているのでその面積は 0 である. これに対し, 灰色で塗られた広い空間は空間的領域に相当する[7].

表 5.1　使われている光と物質の組み合わせによって分類した光技術

	巨視的な伝搬光（オンシェル）	ナノ寸法のドレスト光子（オフシェル）
ナノ物質	プラズモニクス，メタマテリアル，フォトニック結晶	ドレスト光子技術
巨視的物質	従来の光技術	————

研究された．次章以下で解説される内容はこの研究の成果である．

　もう一つの方向では金属の微粒子や薄膜を使っている．これらの試料を製作，使用することは比較的容易なので多くの研究がなされた．その主流は光とプラズモンが結合して発生する自由電子のプラズマ振動に起因する現象の研究である[14]．ただしこの結合には電子の集団的運動がかかわるので，光エネルギーはプラズマ振動エネルギーにすばやく変換されてしまう．さらに電子の位相緩和時間は非常に短いので量子論的な光の独特な特性は金属中ではいち早く消失してしまう．すなわち孤立系ではないので量子力学，量子光学では扱えない（3.6節 (2) 参照）．従って，プラズモン現象を解析するには屈折率，波数，導波路モード，分散関係（図 5.2 中の二つの曲線）などの従来の古典光学の物理量を使えば十分である．言い換えると，これらの解析は上記の顕微法と同様，依然として古典時代の古典光学に基づいており，オンシェルの技術に他ならない．この技術はプラズモニクスと呼ばれている．

　表 5.1 は使われている光と物質に応じて光技術を分類した結果である．これらの中で伝搬する光（伝搬光：実光子または自由光子）を使う技術は従来の光技術であり，フォトニクスとも呼ばれ，この表の左列に記されている．これらの技術のうちのいくつかは最近では微小な物質を使っているものの，依然として伝搬光を使っているので従来のオンシェルの光技術の範疇に留まっている．従ってこれらの技術は 5.1.1 項の質問 1〜4 に対して「否」という答えしか与えない．

　表 5.1 右列は DP を使う技術であるが，これは左列の技術とは無縁であり，相反する．第 2〜4 章が扱った分野はオンシェル（on-shell）科学と呼ばれ，これに対し第 6 章以降の扱う分野はオフシェル（off-shell）科学と呼ばれている [*2)]．

---

*2)　オンシェル科学とオフシェル科学とを比べると前者がニュートン力学，後者が相対性理論や量子力学に対応するだろう．実験事実をもとに光の性質を説明する際，大胆な仮説を設けてそれを実証し，従来の光科学ではありえない DP とそれがかかわる現象を見出したのがオフシェル科学だからである．

後者は前者の拡張ではなく，すでに 1.2 節で指摘したようにオフシェル科学の研究とそれを利用した技術開発の実際はオンシェル科学とは相反している．図5.2 の二つの曲線から遠ざかるとともに灰色のグラデーションの濃度は低くなっているが，これは上記のように DP の生成確率が次第に減少することを表している．そこで実際には曲線との重複を回避しつつ，DP の生成確率が高い条件を見出しオンシェル科学と相反した現象をはっきりと引き出すのがオフシェル科学の匠の技となっている．

　DP を使う技術と伝搬光を使う技術を区別するには光と物質の相互作用に関与する粒子（光子，電子，フォノンなど）の運動量が保存するか否か，すなわち図 5.2 に示した分散関係が使われているか否かを調べればよい．DP が関与する現象を解析する際には分散関係は使わないので，屈折率のような光に対する物質応答の位相遅れの度合いを表す（2.3.3 項参照）物理量はもはや基本的な物理量ではない．

6 Physical picture of dressed photons
ドレスト光子の物理的描像

本章ではナノ寸法の小さな領域に存在するドレスト光子（DP）の生成，消滅演算子を導出する．次にそのエネルギーの空間的広がりの範囲，すなわち DP が媒介するナノ物質間の相互作用のおよぶ空間的範囲について記す．

6.1 ドレスト光子の演算子

ナノ寸法の微小な物質（以下ではナノ物質と略記する）の物理量（エネルギー，運動量など）はナノ空間での光と物質の相互作用により独特な値をとる．これらの値を求めるには第 2〜4 章では未解決であった問題を解決する必要がある．それらの問題を以下に記す．

（1）ナノ空間の多粒子系としての光子と電子・正孔対の数は相互作用により変化するが，それを記述するためには光と電子・正孔対を量子化してそれらの生成，消滅演算子を定義する必要がある．しかし従来の量子光学では光の波長に比べずっと大きな寸法の自由空間を伝搬する光を扱い，その電磁場を量子化することによりオンシェル領域にある実光子（以下ではオンシェル光子と略記）の概念を確立してきた（3.4.1 項参照）[1]．すなわちオンシェル光子は量子化のために自由空間に想定された共振器中の電磁場のモードに相当する．しかしオフシェル領域にある光子（以下ではオフシェル光子と略記）の場合，波長より小さなナノ空間ではこの共振器が定義できず，従って光エネルギーのハミルトニアンを書き下すことができないことが問題なのである（3.6 節 (4) 参照）．これに加え，この空間の寸法は光の波長以下なので 5.1.2 項で指摘したように光の波長（波数）と光子の運動量が大きな不確定性をもつ．

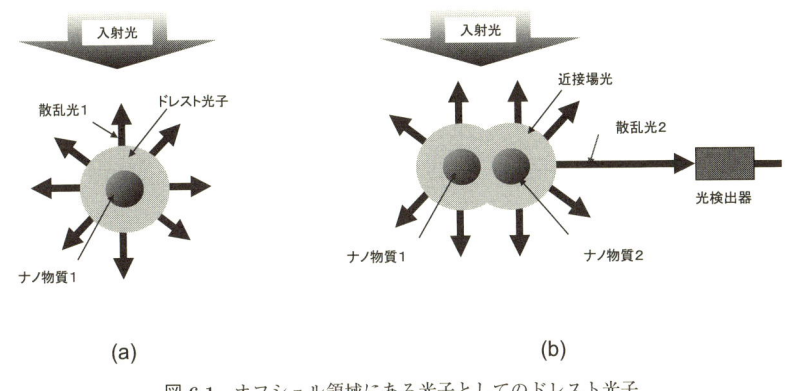

図 **6.1**　オフシェル領域にある光子としてのドレスト光子
(a) 発生，(b) 検出．

（2）図 6.1(a) に記すように光照射によりナノ物質 1 から散乱光 1 が発生する
が，同時にオフシェル光子がナノ物質 1 の表面に発生して局在する．この光子
は仮想光子であることに注意すると（5.1.2 項），この光子を検出（観測）する
にはオンシェル光子，すなわち実光子に変換しなくてはならない．そのために
は図 6.1(b) のようにもう一つのナノ物質 2 を近接して置き，両者間で光子を多
重散乱して仮想光子を実光子に変換する．この結果発生した散乱光 2 を遠方で
検出する．ここでナノ物質 1，2 は各々仮想光子の発生源，検出器とみなすこと
もできるが，従来の光学現象とは異なり，この発生源と検出器は互いに独立で
はなく，仮想光子を通じて結合している．従って 2.4 節 (4) の因果性はない．

（3）実際のナノ物質は巨視的物質の表面に固定されたり，巨視的物質の中に
埋め込まれている．さらに照射光，散乱光といった巨視的な電磁場にも囲まれ
ている．要するにナノ系は巨視系に囲まれているので，上記のナノ物質 1，2 間
の相互作用を解析し両者間のエネルギーの移動と散逸の量（3.6 節 (1) 参照）を
推定するには巨視系の影響を考慮しなければならない．

　上記の問題（1）～（3）を解決するために新しい理論が開発され，これにより
近接場光と仮想光子の統一的な描像としての DP を記述できるようになった[2]．
ここでは無数の周波数，偏光，エネルギーからなる無数の電磁モードを仮定す
ることにより，問題（1）（共振器を想定できず，ひいてはモードを定義するこ
とができないという問題）を解決する．この仮定に伴い，電子と正孔に対して

も無数のエネルギー準位を仮定する必要が生じる. これらの仮定に基づきナノ物質に光子エネルギー $\hbar\omega_o$ の実光子を照射し, 光子と電子・正孔対が相互作用している状態でのハミルトニアンは

$$\hat{H} = \sum_{\boldsymbol{k}\lambda} \hbar\omega_{\boldsymbol{k}} \hat{a}^{\dagger}_{\boldsymbol{k}\lambda} \hat{a}_{\boldsymbol{k}\lambda} + \sum_{\alpha>F, \beta<F} (E_\alpha - E_\beta) \hat{b}^{\dagger}_{\alpha\beta} \hat{b}_{\alpha\beta} + \hat{H}_{\text{int}} \tag{6.1}$$

と書くことができる. 右辺第 1 項は光子のエネルギーであり, それは角周波数 $\omega_{\boldsymbol{k}}$, 波数 $\boldsymbol{k}$, 偏光状態 λ, エネルギー $\hbar\omega_{\boldsymbol{k}}$ を持つ無数の光子の基準モードの和で表されている. これは巨視的寸法をもつ物質中の励起子ポラリトンの場合とは異なる. すなわち 4.2 節の場合には共振器が想定できるので, (4.1) 右辺第一項には共振器の一つのモード, すなわち入射光と同じ角周波数 ω_o をもつ光子のエネルギーを記載すればよかった. それに対し (6.1) 右辺第一項では無数のモードの光子を記載せざるを得ない. $\hat{a}_{\boldsymbol{k}\lambda}$, $\hat{a}^{\dagger}_{\boldsymbol{k}\lambda}$ は波数 $\boldsymbol{k}$, 偏光状態 λ をもつ光子の消滅, 生成演算子を表す. これらの演算子の間の交換関係は (3.117a), (3.117b) と同様

$$\left[\hat{a}_{\boldsymbol{k}\lambda}, \hat{a}^{\dagger}_{\boldsymbol{k}'\lambda'}\right] = \delta_{\boldsymbol{k}\boldsymbol{k}'}\delta_{\lambda\lambda'} \tag{6.2}$$

である.

　第二項は電子・正孔対のエネルギーであるが, 第一項が $\boldsymbol{k}$, λ に関する和の形で表されていることに対応し, この項でも無数のエネルギーをもつ電子・正孔対の和として表されている. $E_\alpha - E_\beta$ は半導体の場合のバンドギャップエネルギーに相当し, F はフェルミ準位を表す.

$$\hat{b}_{\alpha\beta} = S\hat{e}_\alpha \hat{h}_\beta \tag{6.3a}$$

$$\hat{b}^{\dagger}_{\alpha\beta} = S^* \hat{e}^{\dagger}_\alpha \hat{h}^{\dagger}_\beta \tag{6.3b}$$

は各々電子と正孔とが同時に消滅, 生成する演算子である. すなわち第二量子化 (3.5 節参照) により記述される電子・正孔対の消滅, 生成演算子に他ならない. ここで S は時間反転対称性を保つための複素数 (S^* はその複素共役) であり, その絶対値は 1 である. $\hat{e}_\alpha$, $\hat{e}^{\dagger}_\alpha$ はエネルギー準位 α にある電子の消滅, 生成演算子である. 一方 $\hat{h}_\beta$, $\hat{h}^{\dagger}_\beta$ はエネルギー準位 β にある正孔の消滅, 生成演算子である. 電子・正孔対, すなわち励起子はボーズ粒子なので $\hat{b}_{\alpha\beta}$, $\hat{b}^{\dagger}_{\alpha\beta}$ は

(6.2) と同様の交換関係

$$\left[\hat{b}_{\alpha\beta}, \hat{b}_{\alpha'\beta'}^{\dagger}\right] = \delta_{\alpha\alpha'}\delta_{\beta\beta'}$$ (6.3c)

に従う.

(6.1) の第三項は光子と電子・正孔対の相互作用を表し,

$$\hat{H}_{\mathrm{int}} = -\int \hat{\psi}^{\dagger}\left(\boldsymbol{r}\right)\boldsymbol{p}\left(\boldsymbol{r}\right)\hat{\psi}\left(\boldsymbol{r}\right)\cdot\boldsymbol{D}\left(\boldsymbol{r}\right)dv$$ (6.4)

である. ここで $\boldsymbol{p}\left(\boldsymbol{r}\right)$ は電気双極子を表すベクトルである. $\hat{\psi}^{\dagger}\left(\boldsymbol{r}\right)$ は電子・正孔対の場の生成演算子 ((3.168) の $\Psi^{\dagger}$ に相当) である. これは電子, 正孔の状態関数 $\varphi_{e\alpha}\left(\boldsymbol{r}\right)$, $\varphi_{h\beta}\left(\boldsymbol{r}\right)$ により

$$\hat{\psi}^{\dagger}\left(\boldsymbol{r}\right) = \sum_{\alpha>F}\varphi_{e\alpha}\left(\boldsymbol{r}\right)\hat{e}_{\alpha}^{\dagger} + \sum_{\beta<F}\varphi_{h\beta}\left(\boldsymbol{r}\right)\hat{h}_{\beta}^{\dagger}$$ (6.5)

と表される. 消滅演算子 $\hat{\psi}\left(\boldsymbol{r}\right)$ は (6.5) のエルミート共役である. これらを (6.4) に代入し $\hat{e}_{\alpha}$, $\hat{e}_{\alpha}^{\dagger}$, $\hat{h}_{\beta}$, $\hat{h}_{\beta}^{\dagger}$ のうちの二つの積の中から, 電子と正孔が同時に消滅, 生成することを表す $\hat{e}_{\alpha}\hat{h}_{\beta}$, $\hat{e}_{\alpha}^{\dagger}\hat{h}_{\beta}^{\dagger}$ の項のみを残す. $\hat{\boldsymbol{D}}^{\perp}\left(\boldsymbol{r}\right)$ は入射光子の電気変位ベクトルの演算子の横方向成分, すなわち波数ベクトル $\boldsymbol{k}$ に垂直な偏光成分であり,

$$\hat{\boldsymbol{D}}^{\perp}\left(\boldsymbol{r}\right) = i\sum_{\boldsymbol{k}}\sum_{\lambda=1}^{2}\sqrt{\frac{\varepsilon_{0}\hbar\omega_{\boldsymbol{k}}}{2V}}\boldsymbol{e}_{\boldsymbol{k}\lambda}\left(\boldsymbol{k}\right)\left\{\hat{a}_{\boldsymbol{k}\lambda}\left(\boldsymbol{k}\right)e^{i\boldsymbol{k}\cdot\boldsymbol{r}} - \hat{a}_{\boldsymbol{k}\lambda}^{\dagger}\left(\boldsymbol{k}\right)e^{-i\boldsymbol{k}\cdot\boldsymbol{r}}\right\}$$ (6.6)

と表される. V は量子化のために想定した共振器の体積, $\boldsymbol{e}_{\boldsymbol{k}\lambda}\left(\boldsymbol{k}\right)$ は偏光方向に沿った単位ベクトルである. 以下では (6.6) の中の係数を

$$N_{\boldsymbol{k}} \equiv \sqrt{\frac{\varepsilon_{0}\hbar\omega_{\boldsymbol{k}}}{2V}}$$ (6.7)

と書くことにする. (6.5)～(6.7) を (6.4) に代入して相互作用ハミルトニアンを書き下すと

$$\hat{H}_{\text{int}} = -i \sum_{\boldsymbol{k}\lambda} N_{\boldsymbol{k}} \sum_{\alpha>F,\beta<F} \int \left(\varphi^*{}_{h\beta} \varphi_{e\alpha} \left(\boldsymbol{p} \cdot \boldsymbol{e}_{\boldsymbol{k}\lambda}\left(\boldsymbol{k}\right) \right) \hat{b}_{\alpha\beta} \right.$$

$$\left. + \varphi^*{}_{e\alpha} \varphi_{h\beta} \left(\boldsymbol{p} \cdot \boldsymbol{e}_{\boldsymbol{k}\lambda}\left(\boldsymbol{k}\right) \right) \hat{b}^\dagger_{\alpha\beta} \right) \left[\hat{a}_{\boldsymbol{k}\lambda} e^{i\boldsymbol{k}\cdot\boldsymbol{r}} - \hat{a}^\dagger_{\boldsymbol{k}\lambda} e^{-i\boldsymbol{k}\cdot\boldsymbol{r}} \right] dv$$

$$= -i \sum_{\boldsymbol{k}\lambda} N_{\boldsymbol{k}} \sum_{\alpha>F,\beta<F} \left\{ \int \varphi^*{}_{h\beta} \varphi_{e\alpha} e^{i\boldsymbol{k}\cdot\boldsymbol{r}} \left(\boldsymbol{p} \cdot \boldsymbol{e}_{\boldsymbol{k}\lambda}\left(\boldsymbol{k}\right) \right) \hat{b}_{\alpha\beta} \hat{a}_{\boldsymbol{k}\lambda} \right.$$

$$+ \int \varphi^*{}_{e\alpha} \varphi_{h\beta} e^{i\boldsymbol{k}\cdot\boldsymbol{r}} \left(\boldsymbol{p} \cdot \boldsymbol{e}_{\boldsymbol{k}\lambda}\left(\boldsymbol{k}\right) \right) \hat{b}^\dagger_{\alpha\beta} \hat{a}_{\boldsymbol{k}\lambda}$$

$$- \int \varphi^*{}_{h\beta} \varphi_{e\alpha} e^{-i\boldsymbol{k}\cdot\boldsymbol{r}} \left(\boldsymbol{p} \cdot \boldsymbol{e}_{\boldsymbol{k}\lambda}\left(\boldsymbol{k}\right) \right) \hat{b}_{\alpha\beta} \hat{a}^\dagger{}_{\boldsymbol{k}\lambda}{}^\dagger$$

$$\left. - \int \varphi^*{}_{e\alpha} \varphi_{h\beta} e^{-i\boldsymbol{k}\cdot\boldsymbol{r}} \left(\boldsymbol{p} \cdot \boldsymbol{e}_{\boldsymbol{k}\lambda}\left(\boldsymbol{k}\right) \right) \hat{b}^\dagger_{\alpha\beta} \hat{a}^\dagger_{\boldsymbol{k}\lambda} \right\} dv \tag{6.8}$$

となる. ここで電気双極子モーメントの空間分布のフーリエ変換を

$$\rho_{\alpha\beta\lambda}\left(\boldsymbol{k}\right) = \int \varphi^*{}_{e\alpha}\left(\boldsymbol{r}\right) \varphi_{h\beta}\left(\boldsymbol{r}\right) \left(\boldsymbol{p}\left(\boldsymbol{r}\right) \cdot \boldsymbol{e}_{\boldsymbol{k}\lambda}\left(\boldsymbol{k}\right) \right) e^{i\boldsymbol{k}\cdot\boldsymbol{r}} dv \tag{6.9}$$

$$\rho_{\beta\alpha\lambda}\left(\boldsymbol{k}\right) = \int \varphi^*{}_{h\beta}\left(\boldsymbol{r}\right) \varphi_{e\alpha}\left(\boldsymbol{r}\right) \left(\boldsymbol{p}\left(\boldsymbol{r}\right) \cdot \boldsymbol{e}_{\boldsymbol{k}\lambda}\left(\boldsymbol{k}\right) \right) e^{i\boldsymbol{k}\cdot\boldsymbol{r}} dv \tag{6.10}$$

およびそれらの複素共役により表すと (6.8) は

$$\hat{H}_{\text{int}} = -i \sum_{\boldsymbol{k}\lambda} N_{\boldsymbol{k}} \sum_{\alpha>F,\beta<F} \{ \rho_{\beta\alpha\gamma}\left(\boldsymbol{k}\right) \hat{b}_{\alpha\beta} \hat{a}_{\boldsymbol{k}\lambda} + \rho_{\alpha\beta\lambda}\left(\boldsymbol{k}\right) \hat{b}^\dagger_{\alpha\beta} \hat{a}_{\boldsymbol{k}\lambda}$$

$$- \rho^*{}_{\alpha\beta\lambda}\left(\boldsymbol{k}\right) \hat{b}_{\alpha\beta} \hat{a}^\dagger_{\boldsymbol{k}\lambda} - \rho^*{}_{\beta\alpha\lambda}\left(\boldsymbol{k}\right) \hat{b}^\dagger_{\alpha\beta} \hat{a}^\dagger_{\boldsymbol{k}\lambda} \}$$

$$= -i \sum_{\boldsymbol{k}\lambda} N_{\boldsymbol{k}} \sum_{\alpha>F,\beta<F} \left\{ \left[\rho_{\beta\alpha\gamma}\left(\boldsymbol{k}\right) \hat{b}_{\alpha\beta} + \rho_{\alpha\beta\lambda}\left(\boldsymbol{k}\right) \hat{b}^\dagger{}_{\alpha\beta} \right] \hat{a}_{\boldsymbol{k}\lambda} \right.$$

$$\left. - \left[\rho^*{}_{\alpha\beta\lambda}\left(\boldsymbol{k}\right) \hat{b}_{\alpha\beta} + \rho^*{}_{\beta\alpha\lambda}\left(\boldsymbol{k}\right) \hat{b}^\dagger{}_{\alpha\beta} \right] \hat{a}^\dagger_{\boldsymbol{k}\lambda} \right\} \tag{6.11}$$

となる. さらに

$$\hat{\gamma}_{\alpha\beta\lambda}\left(\boldsymbol{k}\right) = \rho^*{}_{\alpha\beta\lambda}\left(\boldsymbol{k}\right) \hat{b}_{\alpha\beta} + \rho^*{}_{\beta\alpha\lambda}\left(\boldsymbol{k}\right) \hat{b}^\dagger_{\alpha\beta} \tag{6.12a}$$

$$\hat{\gamma}^\dagger_{\alpha\beta\lambda}\left(\boldsymbol{k}\right) = \rho_{\alpha\beta\lambda}\left(\boldsymbol{k}\right) \hat{b}^\dagger_{\alpha\beta} + \rho_{\beta\alpha\lambda}\left(\boldsymbol{k}\right) \hat{b}_{\alpha\beta} \tag{6.12b}$$

とおくと (6.11) は

$$\hat{H}_{\text{int}} = -i \sum_{\boldsymbol{k}\lambda} N_{\boldsymbol{k}} \sum_{\alpha>F,\beta<F} \left(\hat{\gamma}^\dagger_{\alpha\beta\lambda}(\boldsymbol{k}) \hat{a}_{\boldsymbol{k}\lambda} - \hat{\gamma}_{\alpha\beta\lambda}(\boldsymbol{k}) \hat{a}^\dagger_{\boldsymbol{k}\lambda} \right) \tag{6.13}$$

となる.

(6.13) を (6.1) に代入した後，全ハミルトニアンを対角化（3.2.1 項 (8)c 参照）するために

$$\hat{U} = e^{\hat{S}} \tag{6.14a}$$

を用いてユニタリ変換を行う．ただし

$$\hat{U}^{\dagger} = \hat{U}^{-1} \tag{6.14b}$$

であり，$\hat{S}$ は $\hat{S} = -\hat{S}^{\dagger}$ なる性質をもつ反エルミート演算子

$$\hat{S} = -i \sum_{\boldsymbol{k}\lambda} N_{\boldsymbol{k}} \sum_{\alpha > F, \beta < F} \left(\hat{\gamma}^{\dagger}_{\alpha\beta\lambda}\left(\boldsymbol{k}\right) \hat{a}_{\boldsymbol{k}\lambda} + \hat{\gamma}_{\alpha\beta\lambda}\left(\boldsymbol{k}\right) \hat{a}^{\dagger}_{\boldsymbol{k}\lambda} \right) \tag{6.15}$$

である．(6.14a)，(6.14b) を (6.1) の $\hat{H}$ に作用させると対角化され，

$$\tilde{H} = \hat{U}^{-1}\hat{H}\hat{U} = \sum_{\boldsymbol{k}\lambda} \sum_{\alpha > F, \beta < F} \left[\hbar\omega'_{\boldsymbol{k}} \tilde{a}^{\dagger}_{\boldsymbol{k}\lambda} \tilde{a}_{\boldsymbol{k}\lambda} + \left(E'_{\alpha} - E'_{\beta} \right) \tilde{b}^{\dagger}_{\alpha\beta} \tilde{b}_{\alpha\beta} \right] \tag{6.16}$$

となる（これは (4.4) から (4.5) への変換と同様である）．この対角化は (6.1) 中の角周波数 $\omega_{\boldsymbol{k}}$，$\left(E_{\alpha} - E_{\beta} \right)/\hbar$ をもつ二つの振動子が結合することにより角周波数 $\omega'_{\boldsymbol{k}}$（(4.12) の Ω_j に対応），$(E'_{\alpha} - E'_{\beta})/\hbar$ の新しい基準振動を生じることを表す．ここで右辺第一項の $\hbar\omega'_{\boldsymbol{k}}$，$\tilde{a}_{\boldsymbol{k}\lambda}$，$\tilde{a}^{\dagger}_{\boldsymbol{k}\lambda}$ は各々新たな量子の固有エネルギー，その量子の消滅，生成演算子である．同様に第二項の $E'_{\alpha} - E'_{\beta}$，$\tilde{b}_{\alpha\beta}$，$\tilde{b}^{\dagger}_{\alpha\beta}$ はもう一つの新たな量子の固有エネルギー，消滅，生成演算子である．この中で消滅演算子 $\tilde{a}_{\boldsymbol{k}\lambda}$ は公式

$$\tilde{a}_{\boldsymbol{k}\lambda} = \hat{U}^{-1}\hat{a}_{\boldsymbol{k}\lambda}\hat{U} = \hat{a}_{\boldsymbol{k}\lambda} + \left[\hat{a}_{\boldsymbol{k}\lambda}, \hat{S} \right] + \frac{1}{2!} \left[\left[\hat{a}_{\boldsymbol{k}\lambda}, \hat{S} \right], \hat{S} \right] + \cdots \tag{6.17}$$

により求められる．すなわち (6.2) の交換関係を使うと

$$
\begin{aligned}
\left[\hat{a}_{\boldsymbol{k}\lambda}, \hat{S} \right] &= \left[\hat{a}_{\boldsymbol{k}\lambda}, -i \sum_{\boldsymbol{k}\lambda} N_{\boldsymbol{k}} \sum_{\alpha > F, \beta < F} \left(\hat{\gamma}_{\alpha\beta\lambda}\left(\boldsymbol{k}\right) \hat{a}^{\dagger}_{\boldsymbol{k}\lambda} \right) \right] \\
&= -iN_{\boldsymbol{k}} \sum_{\alpha > F, \beta < F} \hat{\gamma}_{\alpha\beta\gamma}\left(\boldsymbol{k}\right) \\
&= -iN_{\boldsymbol{k}} \sum_{\alpha > F, \beta < F} \left(\rho^{*}_{\alpha\beta\lambda}\left(\boldsymbol{k}\right) \hat{b}_{\alpha\beta} + \rho^{*}_{\beta\alpha\lambda}\left(\boldsymbol{k}\right) \hat{b}^{\dagger}_{\alpha\beta} \right)
\end{aligned} \tag{6.18}
$$

となるので，これを (6.17) に代入し $\hat{S}$ の最低次の項のみ残すと

$$\tilde{a}_{\boldsymbol{k}\lambda} = \hat{a}_{\boldsymbol{k}\lambda} - iN_{\boldsymbol{k}} \sum_{\alpha>F,\beta<F} \left(\rho^*{}_{\alpha\beta\lambda}(\boldsymbol{k}) \hat{b}_{\alpha\beta} + \rho^*{}_{\beta\alpha\lambda}(\boldsymbol{k}) \hat{b}^\dagger_{\alpha\beta} \right) \tag{6.19}$$

となる. 同様に

$$\tilde{a}^\dagger_{\boldsymbol{k}\lambda} = \hat{U}^{-1}\hat{a}^\dagger_{\boldsymbol{k}\lambda}\hat{U} = \hat{a}^\dagger_{\boldsymbol{k}\lambda} + \left[\hat{a}^\dagger_{\boldsymbol{k}\lambda}, \hat{S}\right] + \frac{1}{2!}\left[\left[\hat{a}^\dagger{}_{\boldsymbol{k}\lambda}, \hat{S}\right], \hat{S}\right] + \cdots \tag{6.20}$$

$$\begin{aligned}
\left[\hat{a}^\dagger_{\boldsymbol{k}\lambda}, \hat{S}\right] &= \left[\hat{a}^\dagger_{\boldsymbol{k}\lambda}, -i\sum_{\boldsymbol{k}\lambda} N_{\boldsymbol{k}} \sum_{\alpha>F,\beta<F} \left(\hat{\gamma}^\dagger_{\alpha\beta\lambda}(\boldsymbol{k})\hat{a}_{\boldsymbol{k}\lambda}\right)\right] \\
&= iN_{\boldsymbol{k}} \sum_{\alpha>F,\beta<F} \hat{\gamma}^\dagger_{\alpha\beta\lambda}(\boldsymbol{k}) \\
&= iN_{\boldsymbol{k}} \sum_{\alpha>F,\beta<F} \left(\rho_{\alpha\beta\lambda}(\boldsymbol{k})\hat{b}^\dagger_{\alpha\beta} + \rho_{\beta\alpha\lambda}(\boldsymbol{k})\hat{b}_{\alpha\beta}\right),
\end{aligned} \tag{6.21}$$

従って

$$\tilde{a}^\dagger_{\boldsymbol{k}\lambda} = \hat{a}^\dagger_{\boldsymbol{k}\lambda} + iN_{\boldsymbol{k}} \sum_{\alpha>F,\beta<F} \left(\rho_{\alpha\beta\lambda}(\boldsymbol{k}) \hat{b}^\dagger_{\alpha\beta} + \rho_{\beta\alpha\lambda}(\boldsymbol{k}) \hat{b}_{\alpha\beta} \right) \tag{6.22}$$

となる.

(6.19) の $\tilde{a}_{\boldsymbol{k}\lambda}$ および (6.22) の $\tilde{a}^\dagger_{\boldsymbol{k}\lambda}$ は各々光子の演算子 $\hat{a}_{\boldsymbol{k}\lambda}$, $\hat{a}^\dagger_{\boldsymbol{k}\lambda}$ に電子・正孔対の演算子 $\hat{b}_{\alpha\beta}$, $\hat{b}^\dagger_{\alpha\beta}$ に比例する項が付加された演算子である. すなわちこれらの演算子で表される場は物質とは独立の光子ではなく, 電子・正孔対のエネルギーの衣をまとった光子と考えられる. DP の消滅, 生成演算子は $\tilde{a}_{\boldsymbol{k}\lambda}$, $\tilde{a}^\dagger_{\boldsymbol{k}\lambda}$ を $\boldsymbol{k}$, λ に関して足し合わせ

$$\tilde{a} = \sum_{\boldsymbol{k}\lambda} \tilde{a}_{\boldsymbol{k}\lambda} \tag{6.23}$$

$$\tilde{a}^\dagger = \sum_{\boldsymbol{k}\lambda} \tilde{a}^\dagger_{\boldsymbol{k}\lambda} \tag{6.24}$$

より与えられる. すなわち DP は物質エネルギー (電子・正孔対のエネルギー) の衣をまとった光子である.

(6.19), (6.22) の右辺第二項, 第三項にある $\rho_{\alpha\beta\lambda}(\boldsymbol{k})$, $\rho_{\beta\alpha\lambda}(\boldsymbol{k})$ およびそれらの複素共役は DP が光子と電子・正孔対の相互作用に起因して発生していることを表している. またその相互作用の空間的広がりの寸法の目安は (6.9), (6.10) の $\rho_{\alpha\beta\lambda}(\boldsymbol{k})$, $\rho_{\beta\alpha\lambda}(\boldsymbol{k})$ に含まれる $\varphi^*{}_{e\alpha}(\boldsymbol{r})\varphi_{h\beta}(\boldsymbol{r})$, $\varphi^*{}_{h\beta}(\boldsymbol{r})\varphi_{e\alpha}(\boldsymbol{r})$ により

与えられるが，これらの式のみでは空間的広がりの議論は不十分である．なぜならば $\varphi_{e\alpha}(\boldsymbol{r})$, $\varphi_{h\beta}(\boldsymbol{r})$ は各々電子，正孔の状態関数に他ならず，そのナノ寸法の外側へのしみ出し長さは非常に短い．空間的広がりについての詳細な議論は 6.2 節で与えられる．

(6.23), (6.24) で記した DP の消滅，生成演算子 $\tilde{a}$, $\tilde{a}^{\dagger}$ を用いることにより，二つのナノ物質間の相互作用は第一のナノ物質に発生した DP が消滅し，第二のナノ物質に発生するというエネルギー移動として記述することができる．このエネルギー移動は DP のトンネル効果と考えることができる．なお，両者を近づけすぎると電子のトンネル効果が起こり，光学的効果ではなくなるので，不都合である．

(6.16) 中の第二の量子の消滅，生成演算子 $\tilde{b}_{\alpha\beta}$, $\tilde{b}_{\alpha\beta}^{\dagger}$ も上記と同様の方法により変形される．すなわち

$$\tilde{b}_{\alpha\beta} = \hat{U}^{-1}\hat{b}_{\alpha\beta}\hat{U} = \hat{b}_{\alpha\beta} - i\sum_{\boldsymbol{k}\lambda}\left(\rho_{\alpha\beta\lambda}(\boldsymbol{k})\,\hat{a}_{\boldsymbol{k}\lambda} + \rho_{\beta\alpha\lambda}^{*}(\boldsymbol{k})\,\hat{a}_{\boldsymbol{k}\lambda}^{\dagger}\right) \tag{6.25}$$

$$\tilde{b}_{\alpha\beta}^{\dagger} = \hat{U}^{-1}\hat{b}_{\alpha\beta}^{\dagger}\hat{U} = \hat{b}_{\alpha\beta}^{\dagger} - i\sum_{\boldsymbol{k}\lambda}\left(\rho_{\beta\alpha\lambda}(\boldsymbol{k})\,\hat{a}_{\boldsymbol{k}\lambda} + \rho_{\alpha\beta\lambda}^{*}(\boldsymbol{k})\,\hat{a}_{\boldsymbol{k}\lambda}^{\dagger}\right) \tag{6.26}$$

である．ここで α, β について和をとった

$$\tilde{b} = \sum_{\alpha>F,\beta<F}\tilde{b}_{\alpha\beta} \tag{6.27}$$

$$\tilde{b}^{\dagger} = \sum_{\alpha>F,\beta<F}\tilde{b}_{\alpha\beta}^{\dagger} \tag{6.28}$$

は各々光子のエネルギーの衣をまとった電子・正孔対の消滅，生成演算子を表す．しかし上記のように二つのナノ物質は電子のトンネル効果が起こるほど近づいていないので，両者間の相互作用は DP の消滅，生成演算子 $\tilde{a}$, $\tilde{a}^{\dagger}$ を用いて議論する．

巨視的寸法をもつ物質中の励起子ポラリトン（4.2 節参照）とは異なり，ナノ寸法領域中では波数，運動量，従って位相が保存されないので，$\tilde{a}$, $\tilde{a}^{\dagger}$ および $\tilde{b}$, $\tilde{b}^{\dagger}$ で表される DP と電子・正孔対の消滅，生成は互いに時間的・空間的に逆位相で生ずるわけではない．つまりそれらの古典的な描像としての波の振幅は 4.2 節の末尾に記したような単純な三角関数では表されず，時間的および

空間的に変調され脈動している．その変調の各々の側波帯の角周波数が (6.16)
右辺第一項中の ω'_k である．その双対な関係として，光子のエネルギーの衣を
まとった電子・正孔対の固有エネルギー（(6.16) 右辺第二項中の $E'_\alpha - E'_\beta$）も
同様の変調特性を有する．すなわち，ナノ物質が単一モードの伝搬光（その光
子エネルギーは $\hbar\omega_0$）により照射されているにもかかわらず，発生した DP は
無数の変調側波帯をもつのである．

▶ **6.2　ドレスト光子による相互作用のおよぶ空間範囲**

　6.2.1 項ではまず 6.1 節冒頭に示した問題（3）を解決する（問題（2）は 6.2.2
項で解決する）．そのためには巨視系に起因する効果を考慮する必要があるが，
これには 6.1 節の議論に使われた量子論的な方法は有効でないので巨視系の効
果を繰り込む方法が必要となる．

　6.1 節では外界から孤立したナノ物質に光が照射された場合を考えた．しか
し実際にはナノ物質の周囲には巨視的寸法の物質がある．たとえばナノ物質を
搭載する基板や，ナノ物質を埋め込んだ母体結晶などである．また入射光もナ
ノ物質周囲にある巨視的寸法の電磁場といえる．このように実際のナノ物質は
巨視的な物質と電磁場に囲まれているので，前節のようなナノ物質間の相互作用
とエネルギー移動を考えるとき，その周囲の巨視系の効果を考慮する必要があ
る．そこで本節では巨視系に囲まれた複数のナノ物質の間での相互作用につい
て考える．この場合にも量子化のための共振器が想定できないことに注意され
たい．なぜならナノ物質は依然としてナノ寸法領域に存在するからである．さ
らにこれらは周囲の巨視的物質と結びついているので，問題が一層複雑になっ
ている．

　本節では射影演算子を用いる新しい理論的取扱によりこの問題（3）を解決
し，DP の空間的広がりの様子を調べる[3]．図 6.2 に示すように巨視的物質と入
射光とに囲まれた二つのナノ物質の間の有効相互作用は DP 相互作用と呼ばれ，
DP の空間的広がりはこの相互作用の及ぶ範囲を与える[4,5]．

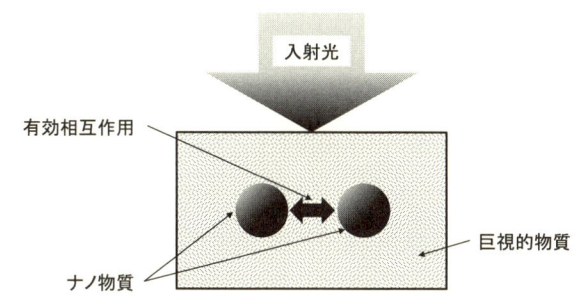

図 **6.2**　巨視的物質と電磁場とに囲まれた二つのナノ物質の間の有効相互作用

6.2.1　ナノ寸法の副系に働く有効相互作用

図 6.2 に示す系をより詳しく描くと図 6.3 になるが，この図によるとここで考えている系は二つの副系からなっていることがわかる．一つはナノ寸法の副系であり，それは二つのナノ物質からなる．もう一つは入射光を含んだ巨視的寸法の副系であり，その寸法は入射光の波長より十分大きい．これら二つの副系は互いに相互作用している．

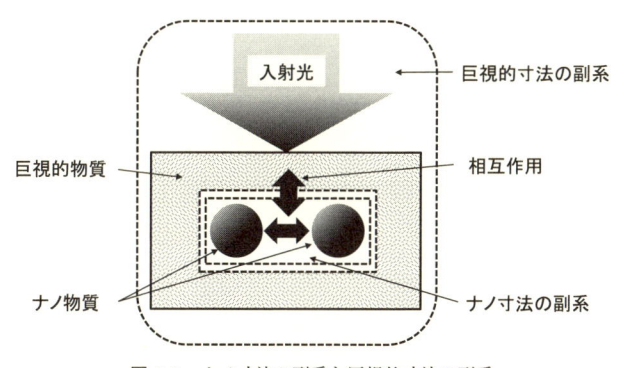

図 **6.3**　ナノ寸法の副系と巨視的寸法の副系

(1) 元来の相互作用と有効相互作用

ナノ寸法の副系を「副系 n」，巨視的寸法の副系を「副系 M」と呼ぶことにする．我々は副系 n に誘起される相互作用に興味があるので，以下では副系 M に起因する効果をその相互作用の中に繰り込む．そのためにまず副系 M に囲まれた二つのナノ物質 p と s（図 6.1（b）のナノ物質 1，2 に相当）との間の元来

の相互作用を表す演算子を電気双極子近似

$$\hat{V} = -\frac{1}{\varepsilon_0} \left\{ \hat{\boldsymbol{p}}_s \cdot \hat{\boldsymbol{D}}^{\perp} (\boldsymbol{r}_s) + \hat{\boldsymbol{p}}_p \cdot \hat{\boldsymbol{D}}^{\perp} (\boldsymbol{r}_p) \right\} \tag{6.29}$$

により表す. $\hat{\boldsymbol{p}}_\alpha$ は電気双極子演算子である $(\alpha = s, p)$. $\boldsymbol{r}_s$, $\boldsymbol{r}_p$ はナノ物質 s, p の位置を表す. $\hat{\boldsymbol{D}}^{\perp} (\hat{\boldsymbol{r}})$ は入射光の電気変位ベクトルの演算子の横方向成分であり, それは (6.6) で与えられている.

　入射光は巨視的物質中を伝搬した後, ナノ物質 s, p に達しこれらを励起するので, 副系 M を記述するために励起子ポラリトンのエネルギー固有関数を使う (4.2 節参照). そのために (6.6) の中にある光子の消滅, 生成演算子を励起子ポラリトンに関する消滅, 生成演算子 $\hat{\xi}(\boldsymbol{k})$, $\hat{\xi}^{\dagger}(\boldsymbol{k})$ により書き直した後, (6.29) に代入する. また電気双極子の演算子を

$$\hat{\boldsymbol{p}}_\alpha = \left\{ \hat{b}(\boldsymbol{r}_\alpha) + \hat{b}^{\dagger}(\boldsymbol{r}_\alpha) \right\} \boldsymbol{p}_\alpha \tag{6.30}$$

と表す. ここで $\hat{b}(\boldsymbol{r}_\alpha)$, $\hat{b}^{\dagger}(\boldsymbol{r}_\alpha)$ は各々電子・正孔対の消滅, 生成演算子, $\boldsymbol{p}_\alpha$ は電気双極子モーメントである. その結果, (6.29) は

$$\hat{V} = -i \sum_{\alpha=s}^{p} \sum_{\boldsymbol{k}} \sqrt{\frac{\hbar}{2\varepsilon_0 V}} \left(\hat{b}(\boldsymbol{r}_\alpha) + \hat{b}^{\dagger}(\boldsymbol{r}_\alpha) \right) \left(K_\alpha(\boldsymbol{k}) \hat{\xi}(\boldsymbol{k}) - K^*_\alpha(\boldsymbol{k}) \hat{\xi}^{\dagger}(\boldsymbol{k}) \right) \tag{6.31}$$

となる. ここで ε_0 は真空誘電率, V は副系 M の中の励起子ポラリトンを書下すために巨視的物質中に想定した共振器の体積である. $K_\alpha(\boldsymbol{k})$, $K^*_\alpha(\boldsymbol{k})$ は各々副系 M 中の励起子ポラリトンと副系 n との間の結合係数, およびその複素共役であり,

$$K_\alpha(\boldsymbol{k}) = \sum_{\lambda=1}^{2} (\boldsymbol{p}_\alpha \cdot \boldsymbol{e}_\lambda(\boldsymbol{k})) f(k) e^{i\boldsymbol{k}\cdot\boldsymbol{r}_\alpha} \tag{6.32}$$

である. ここで $\boldsymbol{e}_\lambda(\boldsymbol{k})$ は光子の偏光方向を表す単位ベクトルであり, $f(k)$ は励起子ポラリトンの分散関係を表す (図 4.2 の二つの曲線に相当).

　以上の準備のもとに副系 n 中で働く有効相互作用エネルギーの大きさを求める. そのために副系 n と副系 M からなる全系の状態 $|\psi\rangle$ を, 基底となる二つの関数空間に分ける. 一つは副系 n に対応し, これを P 空間と呼ぶ. もう一つはその補空間であり Q 空間と呼ぶ. ここでは P 空間の性質のみに興味があるので, P 空間でのナノ物質 s, p の間の有効相互作用エネルギーの大きさを求め

る. 相互作用前の P 空間の状態を $|\phi_{Pi}\rangle$ (始状態), 相互作用後の状態を $|\phi_{Pf}\rangle$ (終状態) と表すと有効相互作用エネルギーの大きさは

$$V_{\text{eff}} = \langle \phi_{Pf}| \hat{V}_{\text{eff}} |\phi_{Pi}\rangle \tag{6.33}$$

であるが, この式右辺中の有効相互作用の演算子 $\hat{V}_{\text{eff}}$ は (6.31) に示す元来の相互作用演算子 $\hat{V}$ を用いて

$$\hat{V}_{\text{eff}} = \sum_j \hat{P}\hat{V}\hat{Q} |\phi_{Qj}\rangle \langle \phi_{Qj}| \hat{Q}\hat{V}\hat{P} \left(\frac{1}{E_{Pi}^0 - E_{Qj}^0} + \frac{1}{E_{Pf}^0 - E_{Qj}^0} \right) \tag{6.34}$$

にて与えられる. 従って (6.33) は

$$V_{\text{eff}} = \sum_j \langle \phi_{Pf}| \hat{P}\hat{V}\hat{Q} |\phi_{Qj}\rangle \langle \phi_{Qj}| \hat{Q}\hat{V}\hat{P} |\phi_{Pi}\rangle \left(\frac{1}{E_{Pi}^0 - E_{Qj}^0} + \frac{1}{E_{Pf}^0 - E_{Qj}^0} \right) \tag{6.35}$$

となる. ここで $\hat{P}$ は P 空間の射影演算子であり, P 空間の基底 $\{|\phi_{Pj}\rangle\}$ により

$$\hat{P} = \sum_j |\phi_{Pj}\rangle \langle \phi_{Pj}| \tag{6.36}$$

と表される. この演算子は任意の状態関数 $|\psi\rangle$ を P 空間に射影する働きをもつ. $\hat{Q}$ は Q 空間の射影演算子であり, Q 空間の基底 $\{|\phi_{Qj}\rangle\}$ により

$$\hat{Q} = \sum_j |\phi_{Qj}\rangle \langle \phi_{Qj}| \tag{6.37}$$

と表される. また E_{Pi}^0, E_{Pf}^0 は各々 P 空間の始状態, 終状態の固有エネルギー, E_{Qj}^0 は Q 空間の中間状態 $|\phi_{Qj}\rangle$ の固有エネルギーである. 有効相互作用演算子 $\hat{V}_{\text{eff}}$ が (6.34) のように演算子 $\hat{P}$, $\hat{Q}$ によって表されることは元来の相互作用が P 空間, Q 空間の影響を受けて遮蔽されていることを意味している. また, (6.35) の右辺は P 空間の始状態 $|\phi_{Pi}\rangle$ から Q 空間の中間状態 $|\phi_{Qj}\rangle$ への遷移, 引き続き中間状態 $|\phi_{Qj}\rangle$ から P 空間の終状態 $|\phi_{Pf}\rangle$ への遷移というように P 空間以外の Q 空間への遷移を経由することを表す仮想遷移が寄与していることを表す.

(2) 有効相互作用エネルギーの大きさ

P 空間の始状態 $|\phi_{Pi}\rangle$ として副系 n 中のナノ物質 s, p の電子・正孔対が各々

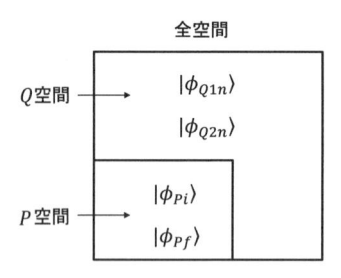

図 6.4　P 空間と Q 空間

励起状態 $|s_{ex}\rangle$，基底状態 $|p_g\rangle$ にあり，また副系 M 中には励起子ポラリトンがない状態（真空状態 $|0_{(M)}\rangle$）を考える．すなわち

$$|\phi_{Pi}\rangle = |s_{ex}\rangle\,|p_g\rangle \otimes |0_{(M)}\rangle \tag{6.38}$$

である．$\otimes$ は直積を表す．相互作用の結果，エネルギーがナノ物質 s から p へ移動する場合を考えると，相互作用後の終状態 $|\phi_{Pf}\rangle$ ではナノ物質 s，p の電子・正孔対が各々基底状態 $|s_g\rangle$，励起状態 $|p_{ex}\rangle$ にある．この場合にも副系 M 中には励起子ポラリトンの真空状態 $|0_{(M)}\rangle$ を考える．すなわち

$$|\phi_{Pf}\rangle = |s_g\rangle\,|p_{ex}\rangle \otimes |0_{(M)}\rangle \tag{6.39}$$

である．これら以外の状態 $|s\rangle$，$|p\rangle$ の組合せは副系 n のエネルギー保存則を満たさないことから，P 空間の基底 $\{|\phi_{Pj}\rangle\}$ は図 6.4 に示すように (6.38)，(6.39) の $|\phi_{Pi}\rangle$，$|\phi_{Pf}\rangle$ のみにより構成されている．

　一方，補空間である Q 空間は P 空間に含まれない多数の状態からなるので，その基底 $\{|\phi_{Qj}\rangle\}$ としては副系 n においてエネルギー保存則を満たさない状態も含め図 6.4 に示すように

$$|\phi_{Q1n}\rangle = |s_g\rangle\,|p_g\rangle \otimes |n_{(M)}\rangle \tag{6.40a}$$

$$|\phi_{Q2n}\rangle = |s_{ex}\rangle\,|p_{ex}\rangle \otimes |n_{(M)}\rangle \tag{6.40b}$$

を考える．ここで $|n_{(M)}\rangle$ は副系 M に 励起子ポラリトンが n 個ある状態を表す．ただし後掲の (6.43) の直後に示すように有効相互作用エネルギーの値が 0 とならないのは励起子ポラリトンが 1 個ある状態 $|1_{(M)}\rangle$ のみであるので，(6.40a)，(6.40b) の中から抜き出してその状態を $|\phi_{Q11}\rangle$，$|\phi_{Q21}\rangle$ と表し，さらに (6.34)

の中間状態の表記とそろえるために

$$|\phi_{Q1}\rangle = |s_g\rangle |p_g\rangle \otimes |1_{(M)}\rangle \qquad (6.41a)$$

$$|\phi_{Q2}\rangle = |s_{ex}\rangle |p_{ex}\rangle \otimes |1_{(M)}\rangle \qquad (6.41b)$$

と書く.

ここで (6.36), (6.37) より

$$\hat{P}|\phi_{Pj}\rangle = |\phi_{Pj}\rangle \qquad (6.42a)$$

$$\hat{Q}|\phi_{Qjn}\rangle = |\phi_{Qjn}\rangle \qquad (6.42b)$$

$(j = 1, 2)$ であることに注意すると

$$\langle\phi_{Qjn}|\hat{Q}\hat{V}\hat{P}|\phi_{Pi}\rangle = \langle\phi_{Qjn}|\hat{V}|\phi_{Pi}\rangle \qquad (6.43a)$$

$$\langle\phi_{Pf}|\hat{P}\hat{V}\hat{Q}|\phi_{Qjn}\rangle = \langle\phi_{Pf}|\hat{V}|\phi_{Qjn}\rangle \qquad (6.43b)$$

となる. これらに (6.31) で与えられる元来の相互作用演算子 $\hat{V}$ を代入する際, $|1_{(M)}\rangle$ 以外の $|n_{(M)}\rangle$ を含む項では $\langle 0_{(M)}|(\hat{b}(\boldsymbol{r}_\alpha) + \hat{b}^\dagger(\boldsymbol{r}_\alpha))|n_{(M)}\rangle = 0$ であることに注意すると (6.38)〜(6.41) より

$$\langle\phi_{Q1n}|\hat{V}|\phi_{Pi}\rangle = -i\sum_{\boldsymbol{k}}\sqrt{\frac{\hbar}{2\varepsilon_0 V}}K_s(\boldsymbol{k}) \qquad (6.44a)$$

$$\langle\phi_{Pf}|\hat{V}|\phi_{Q1n}\rangle = i\sum_{\boldsymbol{k}}\sqrt{\frac{\hbar}{2\varepsilon_0 V}}K_p^*(\boldsymbol{k}) \qquad (6.44b)$$

を得る. 従って (6.35) 右辺において $j = 1$ の場合,

$$\begin{aligned}
&\langle\phi_{Pf}|\hat{P}\hat{V}\hat{Q}|\phi_{Q1}\rangle\langle\phi_{Q1}|\hat{Q}\hat{V}\hat{P}|\phi_{Pi}\rangle\left(\frac{1}{E_{Pi}^0 - E_{Q1}^0} + \frac{1}{E_{Pf}^0 - E_{Q1}^0}\right) \\
&= \sum_{\boldsymbol{k}}\frac{\hbar}{2\varepsilon_0 V}K_s(\boldsymbol{k})K_p^*(\boldsymbol{k})\left(\frac{1}{E_{Pi}^0 - E_{Q1}^0} + \frac{1}{E_{Pf}^0 - E_{Q1}^0}\right)
\end{aligned} \qquad (6.45)$$

となる.

次に (6.35) 式右辺において $j = 2$ の場合について求めるため, 同様に

$$\langle\phi_{Q2n}|\hat{V}|\phi_{Pi}\rangle = i\sum_{\boldsymbol{k}}\sqrt{\frac{\hbar}{2\varepsilon_0 V}}K_p^*(\boldsymbol{k}) \qquad (6.46a)$$

$$\langle \phi_{Pf} | \hat{V} | \phi_{Q2n} \rangle = -i \sum_{k} \sqrt{\frac{\hbar}{2\varepsilon_0 V}} K_s \left(\boldsymbol{k} \right) \tag{6.46b}$$

と表されることに注意すると，

$$\langle \phi_{Pf} | \hat{P} \hat{V} \hat{Q} | \phi_{Q2} \rangle \langle \phi_{Q2} | \hat{Q} \hat{V} \hat{P} | \phi_{Pi} \rangle \left(\frac{1}{E_{Pi}^0 - E_{Q2}^0} + \frac{1}{E_{Pf}^0 - E_{Q2}^0} \right)$$
$$= \sum_{k} \frac{\hbar}{2\varepsilon_0 V} K_s \left(\boldsymbol{k} \right) K_p^* \left(\boldsymbol{k} \right) \left(\frac{1}{E_{Pi}^0 - E_{Q2}^0} + \frac{1}{E_{Pf}^0 - E_{Q2}^0} \right) \tag{6.47}$$

となる．(6.45)，(6.47) を足し合わせると (6.35) は

$$V_{\text{eff}} \left(s \to p \right) = \sum_{k} \frac{\hbar}{2\varepsilon_0 V} K_s \left(\boldsymbol{k} \right) K_p^* \left(\boldsymbol{k} \right) \left(\frac{1}{E_{Pi}^0 - E_{Q1}^0} + \frac{1}{E_{Pf}^0 - E_{Q1}^0} \right.$$
$$\left. + \frac{1}{E_{Pi}^0 - E_{Q2}^0} + \frac{1}{E_{Pf}^0 - E_{Q2}^0} \right) \tag{6.48}$$

となる．ここではエネルギーがナノ物質 s から p に移動することを表すため，(6.35) 左辺の V_{eff} を $V_{\text{eff}} \left(s \to p \right)$ と記した．さらに波数ベクトル $\boldsymbol{k}$ に関する和を積分 $V/(2\pi)^3 \int_0^\infty d\boldsymbol{k}$ に置き換えると巨視的物質中に想定した共振器の体積 V は消去され

$$V_{\text{eff}} \left(s \to p \right) = \frac{\hbar^2}{(2\pi)^3 \varepsilon_0} \int_0^\infty d\boldsymbol{k} K_s \left(\boldsymbol{k} \right) K_p^* \left(\boldsymbol{k} \right) \left(\frac{1}{E_{Pi}^0 - E_{Q1}^0} + \frac{1}{E_{Pf}^0 - E_{Q1}^0} \right.$$
$$\left. + \frac{1}{E_{Pi}^0 - E_{Q2}^0} + \frac{1}{E_{Pf}^0 - E_{Q2}^0} \right) \tag{6.49}$$

となる．ここでナノ物質 s, p 中の状態 $|s_g\rangle$，$|s_{ex}\rangle$，$|p_g\rangle$，$|p_{ex}\rangle$ のエネルギーを各々 $E_{s,g}$，$E_{s,ex}$，$E_{p,g}$，$E_{p,ex}$ と表し，さらに状態 $|1_{(M)}\rangle$ における励起子ポラリトンのエネルギーを $E\left(k \right)$ と表すと

$$E_{Pi}^0 - E_{Q1}^0 = -\left(E\left(k \right) - E_s \right), \qquad E_{Pi}^0 - E_{Q2}^0 = -\left(E\left(k \right) + E_p \right) \tag{6.50a}$$

$$E_{Pf}^0 - E_{Q1}^0 = -\left(E\left(k \right) - E_p \right), \qquad E_{Pf}^0 - E_{Q2}^0 = -\left(E\left(k \right) + E_s \right) \tag{6.50b}$$

となる．これらの式中，右辺への変形ではナノ物質の励起状態と基底状態のエネルギー $E_{\alpha,ex}$，$E_{\alpha,g}$ の差 $E_{\alpha,ex} - E_{\alpha,g}$，すなわち遷移エネルギーを E_α と

表した $(\alpha = s, p)$. これらを (6.49) に代入すると

$$V_{\text{eff}} \left(s \to p \right) = -\frac{\hbar^2}{(2\pi)^3 \varepsilon_0} \int_0^\infty d\boldsymbol{k} K_s \left(\boldsymbol{k} \right) K_p^* \left(\boldsymbol{k} \right) \left(\frac{1}{E\left(k\right) - E_s} + \frac{1}{E\left(k\right) - E_p} \right.$$
$$\left. + \frac{1}{E\left(k\right) + E_p} + \frac{1}{E\left(k\right) + E_s} \right) \tag{6.51}$$

を得る.

次にナノ物質 s と p の役割を入れ替え，始状態，終状態を各々

$$|\phi_{Pi}\rangle = |s_g\rangle \, |p_{ex}\rangle \otimes \left|0_{(M)}\right\rangle \tag{6.52a}$$

$$|\phi_{Pf}\rangle = |s_{ex}\rangle \, |p_g\rangle \otimes \left|0_{(M)}\right\rangle \tag{6.52b}$$

とすると上記と同様にナノ物質 p から s へのエネルギー移動の大きさ $V_{\text{eff}} \left(p \to s \right)$ を計算でき

$$V_{\text{eff}} \left(p \to s \right) = -\frac{\hbar^2}{(2\pi)^3 \varepsilon_0} \int_0^\infty d\boldsymbol{k} K_p \left(\boldsymbol{k} \right) K_s^* \left(\boldsymbol{k} \right) \left(\frac{1}{E\left(k\right) - E_p} + \frac{1}{E\left(k\right) - E_s} \right.$$
$$\left. + \frac{1}{E\left(k\right) + E_s} + \frac{1}{E\left(k\right) + E_p} \right) \tag{6.53}$$

となる.

さらに (6.32) を (6.51)，(6.53) に代入した後，両者を足し合わせると有効相互作用エネルギーは

$$V_{\text{eff}} \left(\boldsymbol{r} \right) = -\frac{\hbar^2}{(2\pi)^3 \varepsilon_0} \sum_{\lambda=1}^{2} \sum_{\alpha=s}^{p} \int_0^\infty \left(\boldsymbol{p}_s \cdot \boldsymbol{e}_\lambda \left(\boldsymbol{k} \right) \right) \left(\boldsymbol{p}_p \cdot \boldsymbol{e}_\lambda \left(\boldsymbol{k} \right) \right) f^2 \left(k \right)$$
$$\left(\frac{1}{E\left(k\right) + E_\alpha} + \frac{1}{E\left(k\right) - E_\alpha} \right) e^{i\boldsymbol{k}\cdot\boldsymbol{r}} d\boldsymbol{k} \tag{6.54}$$

となる. ただし $\boldsymbol{r} = \boldsymbol{r}_s - \boldsymbol{r}_p$ である.

(3) 和，積分の実行と湯川関数の導出

(6.54) において，まず偏光方向 λ に関する和をとり，さらに $\boldsymbol{k}$ の方位角 ϑ，ϕ について積分すると

$$V_{\text{eff}}\left(\boldsymbol{r}\right) = -\frac{\hbar^2}{(2\pi)^2\varepsilon_0}\int_{-\infty}^{\infty}k^2dkf^2\left(k\right)\sum_{\alpha=s}^{p}\left(\frac{1}{E\left(k\right)+E_\alpha}+\frac{1}{E\left(k\right)-E_\alpha}\right)$$
$$\times\left\{\left(\boldsymbol{p}_s\cdot\boldsymbol{p}_p\right)e^{i\boldsymbol{k}\cdot\boldsymbol{r}}\left(\frac{1}{ikr}+\frac{1}{k^2r^2}-\frac{1}{ik^3r^3}\right)\right.$$
$$\left.-\left(\boldsymbol{p}_s\cdot\boldsymbol{u}_r\right)\left(\boldsymbol{p}_p\cdot\boldsymbol{u}_r\right)e^{i\boldsymbol{k}\cdot\boldsymbol{r}}\left(\frac{1}{ikr}+\frac{3}{k^2r^2}-\frac{3}{ik^3r^3}\right)\right\}$$

$$(6.55)$$

を得る. 次に (6.55) 右辺の $\left(\boldsymbol{p}_s\cdot\boldsymbol{u}_r\right)\left(\boldsymbol{p}_p\cdot\boldsymbol{u}_r\right)$ を $\boldsymbol{r}$ の方向角 θ, φ に関して平均すると右辺第 1 項, 第 2 項中の $1/r^2$, および $1/r^3$ の項は互いに打ち消し合って,

$$V_{\text{eff}}\left(\boldsymbol{r}\right) = -\frac{2\hbar^2p_sp_p}{3(2\pi)^2\varepsilon_0}\int_{-\infty}^{\infty}k^2dkf^2\left(k\right)\sum_{\alpha=s}^{p}\left(\frac{1}{E\left(k\right)+E_\alpha}\right.$$
$$\left.+\frac{1}{E\left(k\right)-E_\alpha}\right)\frac{e^{i\boldsymbol{k}\cdot\boldsymbol{r}}}{ikr}$$

$$(6.56)$$

となり $1/r$ の項のみが残る.

　最後に (6.56) の $E\left(k\right)$, E_α について考えよう. まず E_α はナノ物質 α 中の励起子の運動量 p_α と有効質量 m_α により $E_\alpha = p_\alpha^2/2m_\alpha$ と表される. さらにナノ物質の寸法を a_α とすると $p_\alpha = h/a_\alpha$ なので

$$E_\alpha = \frac{1}{2m_\alpha}\left(\frac{h}{a_\alpha}\right)^2$$

$$(6.57)$$

となる. 次に $E\left(k\right)$ の分散関係 (図 4.2 の二つの曲線) を

$$E\left(k\right) = E_m + \frac{\left(\hbar k\right)^2}{2m_{\text{pol}}}$$

$$(6.58)$$

により近似する. ここで m_{pol} は副系 M の励起子ポラリトンの有効質量, E_m は励起子の固有エネルギーである. 副系 M を構成する物質が半導体の場合, これは伝導帯と価電子帯との間のエネルギー差, すなわちバンドギャップエネルギー E_g に相当する. ところで, 副系 n 中のナノ物質を励起するためには副系 M に吸収されないような伝搬光, すなわち E_m より小さな光子エネルギーをもつ光を使う. そうすればこの光は副系 M を伝搬後, そのパワーが減衰することなく副系 n に到達することができる. このとき (6.58) 中の E_m は除外することができるので, 有効相互作用に関与する副系 M の励起子ポラリトンのエネル

ギーは k に依存する部分

$$E(k) = \frac{(\hbar k)^2}{2m_{\text{pol}}} \tag{6.59}$$

のみとなる.

これらを使うと (6.56) は

$$
\begin{aligned}
V_{\text{eff}}(\boldsymbol{r}) = &-\frac{2\hbar^2 p_s p_p}{3(2\pi)^2 \varepsilon_0} \\
&\int_{-\infty}^{\infty} k^2 dk f^2(k) \sum_{\alpha=s}^{p} \frac{2m_{\text{pol}}}{\hbar^2} \left\{ \frac{1}{(k+i\Delta_{\alpha+})(k-i\Delta_{\alpha+})} \right. \\
&\left. + \frac{1}{(k+i\Delta_{\alpha-})(k-i\Delta_{\alpha-})} \right\} \frac{e^{i\boldsymbol{k}\cdot\boldsymbol{r}}}{ikr} \\
\equiv &\sum_{\alpha=s}^{p} \left[V_{\text{eff},\alpha+}(\boldsymbol{r}) + V_{\text{eff},\alpha-}(\boldsymbol{r}) \right]
\end{aligned} \tag{6.60}
$$

となる. ただし

$$\Delta_{\alpha\pm} \equiv \frac{1}{\hbar}\sqrt{2m_{\text{pol}}(\pm E_\alpha)} \tag{6.61}$$

である.

k についての複素積分を 1 位の極 $k = i\Delta_{\alpha\pm}$ に注意して実行すると (6.60) の $V_{\text{eff},\alpha+}(\boldsymbol{r})$ および $V_{\text{eff},\alpha-}(\boldsymbol{r})$ は

$$V_{\text{eff},\alpha\pm}(\boldsymbol{r}) = \mp\frac{p_s p_p}{3(2\pi)\varepsilon_0} W_{\alpha\pm} (\Delta_{\alpha\pm})^2 \frac{e^{-\Delta_{\alpha\pm} r}}{r} \tag{6.62}$$

となる. ただし

$$W_{\alpha\pm} \equiv \frac{m_{\text{pol}}c^2}{(m_{\text{pol}}c^2 \pm E_\alpha)} \tag{6.63}$$

である. これを (6.60) に代入すると

$$V_{\text{eff}}(\boldsymbol{r}) = -\frac{p_s p_p}{3(2\pi)\varepsilon_0} \sum_{\alpha=s}^{p} \left[W_{\alpha+}(\Delta_{\alpha+})^2 \frac{e^{-\Delta_{\alpha+} r}}{r} - W_{\alpha-}(\Delta_{\alpha-})^2 \frac{e^{-\Delta_{\alpha-} r}}{r} \right] \tag{6.64}$$

を得る. これが求める有効相互作用エネルギー $V_{\text{eff}}(\boldsymbol{r})$ であり, DP の空間的な広がりの性質を表している. この式で表される相互作用の結果, ナノ物質 α 中に発生した電子・正孔対が放射緩和時間 (放射緩和定数 γ_{rad} の逆数:物質の構造に依存する) の後に伝搬光を発生するので, それが散乱光として遠方で検

出される.

(6.64) は二つの項からなっている. まず右辺第一項は (6.61) に注意すると

$$Y\left(\Delta_{\alpha+}\right) = \frac{\exp\left(-2\pi\sqrt{m_{\mathrm{pol}}/m_\alpha}\,r/a_\alpha\right)}{r} \tag{6.65}$$

に比例するが, これは湯川関数である. この関数が導出されたのは $\Delta_{\alpha+}$ が実数であることに起因する. この関数の値は r の増加とともに急激に減少する. 分子の指数関数の値が $r=0$ の値の $1/e$ まで減少する r の値を有効相互作用エネルギーの広がりの目安, すなわち相互作用長とすると, それは $(a_\alpha/2\pi)\sqrt{m_\alpha/m_{\mathrm{pol}}}$ であり, ナノ物質 α の寸法 a_α に比例する. 従って (6.65) はナノ物質 α の大きさに応じた空間分布をもつ電磁場がその物質表面近傍に存在することを意味し, あたかもナノ物質 α を核とした「雲」のように局在した電磁場が存在すると考えることができる. ナノ物質 α の表面にある DP に起因する相互作用エネルギーはこの $Y\left(\Delta_{\alpha+}\right)$ により表される.

次に, 第二項中の

$$Y\left(\Delta_{\alpha-}\right) = \frac{\exp\left(-i2\pi\sqrt{m_{\mathrm{pol}}/m_\alpha}\,r/a_\alpha\right)}{r} \tag{6.66}$$

は $\Delta_{\alpha-}$ が虚数であることに起因しており, この式は波長 $\lambda_\alpha = a_\alpha\sqrt{m_\alpha/m_{\mathrm{pol}}}$ の球面波を表す. しかしこれは遠方で検出できる伝搬光ではなく, またこの波長 λ_α はナノ物質 α に入射する光の波長とは無縁である. (6.66) が現れるのはナノ物質の境界条件を設定していないことに起因している. さらに詳細な理論モデルにより境界条件も含めて考察すればナノ物質の外部には (6.66) で表される電磁場は発生しないはずである.

ここで副系 n と副系 M との間のエネルギーの授受の観点から (6.65) と (6.66) とを比較しよう. (6.51) によれば (6.65) は (6.38) の始状態 $|\phi_{Pi}\rangle$ から (6.41b) の中間状態 $|\phi_{Q1}\rangle$ を経て (6.39) の終状態 $|\phi_{Pf}\rangle$ に至る遷移に起因することがわかる. それを図 6.5 に表すが, ここで始状態 $|\phi_{Pi}\rangle$ ではナノ物質 p は基底状態 $|p_g\rangle$ にあり, かつ副系 M の励起子ポラリトンは真空状態 $|0_{(M)}\rangle$ である. それが中間状態 $|\phi_{Q1}\rangle$ ではナノ物質 p は励起状態 $|p_{ex}\rangle$ に遷移し, かつ副系 M 中には励起子ポラリトンが 1 個発生する. これは両副系のエネルギーがともに増加することを表しているので全系のエネルギー保存則を満たさない. 次に中間状

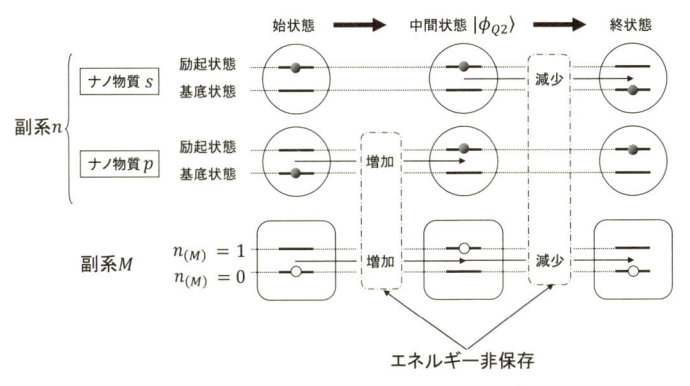

図 6.5 始状態から終状態への遷移の際の副系 n と副系 M との間の
エネルギーの授受の様子
図中の「増加」,「減少」は各副系でのエネルギーの増加, 減少を表す.

態 $|\phi_{Q1}\rangle$ から終状態 $|\phi_{Pf}\rangle$ に至るとき, ナノ物質 s は励起状態 $|s_{ex}\rangle$ から基底
状態 $|s_g\rangle$ に遷移し, かつ副系 M 中の励起子ポラリトンは真空状態 $|0_{(M)}\rangle$ に戻
る. 従って両副系のエネルギーがともに減少するのでこれも全系のエネルギー
保存則を満たさない. 一方同様の考察によれば (6.66) の場合にはエネルギー保
存則を満たすことがわかる. 図 6.5 のようにエネルギー保存則を満たさない過
程は古典論にはない量子力学固有の現象であり, 短い時間 Δt においてのみ可
能となる. すなわちハイゼンベルグの不確定性原理 $\Delta E \Delta t \geq \hbar/2$ によると時
間 Δt が短ければエネルギーの不確定性 ΔE は大きくなる. 言い換えると, 真
空場の揺らぎにより, 不確定性原理の許す範囲内において, 始状態から中間状
態, または中間状態から終状態への遷移には図 6.5 のようにエネルギー保存則
を満たさない遷移が現れる. この遷移を媒介するのが DP であるが, この遷移
がエネルギー保存則を満たさないことが前節冒頭に記した仮想光子という語句
の起源である. ただし, 始状態と終状態のみを比較すると, それらの間ではエ
ネルギー保存則が満たされていることに注意されたい.

なお, (6.54) の第二項は (6.66) に対応するが, その分母は $E(k) - E_\alpha$ であ
るから, $E(k) = E_\alpha$ のとき, すなわち副系 M のエネルギーと副系 n のエネル
ギーが等しいとき, 第二項は大きくなる (∞ となる). 従ってこれは共鳴過程
と呼ばれている. 一方, 第一項は (6.65) に対応し, その分母は $E(k) + E_\alpha$ で

あるから，非共鳴過程と呼ばれている．DP はこのような非共鳴過程を媒介するのである．

6.2.2 寸法依存共鳴と階層性

6.1 節冒頭に示した問題（2）を解決するため，まず DP の空間的性質を調べる．それには (6.64) 右辺の第一項，すなわち $Y(\Delta_{\alpha+})$ のみを考えればよい $(\alpha = s, p)$．このとき $V_{\mathrm{eff}}(\boldsymbol{r})$ は

$$V_{\mathrm{eff}}(\boldsymbol{r}) = W \left\{ \frac{\exp\left(-r/a_s'\right)}{a_s'^2 r} + \frac{\exp\left(-r/a_p'\right)}{a_p'^2 r} \right\} \tag{6.67a}$$

$$a_\alpha' = \frac{a_\alpha}{2\pi\sqrt{m_{\mathrm{pol}}/m_\alpha}} \quad (\alpha = s, p) \tag{6.67b}$$

となる．W はナノ物質の寸法 a_α に強く依存しない定数である．また (6.57)，(6.61) より $\Delta_{\alpha+} = 1/a_\alpha'$ であることを使っている．ここで図 6.6 のように s, p の中心間距離が r_{sp} の場合，ナノ物質 s, p の間の相互作用の結果生ずる散乱光，すなわち伝搬光の強度は (6.67a) の $V_{\mathrm{eff}}(\boldsymbol{r}_p - \boldsymbol{r}_s)$ を s, p の体積全体にわたり積分した値に相当し，

$$I(r_{sp}) = \left| \iint \nabla_{r_p} V_{\mathrm{eff}}(\boldsymbol{r}_p - \boldsymbol{r}_s) \, d^3 r_s d^3 r_p \right|^2 \tag{6.68}$$

となる．これより伝搬光の単位面積あたりの光パワー，すなわち光強度を求めると，

$$\begin{aligned} I(r_{sp}) = &\frac{1}{\left(a_s^3 + a_p^3\right)^2} \\ &\times \left[\sum_{\alpha=s}^p a_\alpha'^2 \left\{ \frac{a_s}{a_\alpha'} \cosh\left(\frac{a_s}{a_\alpha'}\right) - \sinh\left(\frac{a_s}{a_\alpha'}\right) \right\} \right. \\ &\left. \left\{ \frac{a_p}{a_\alpha'} \cosh\left(\frac{a_p}{a_\alpha'}\right) - \sinh\left(\frac{a_p}{a_\alpha'}\right) \right\} \left(\frac{a_\alpha'}{r_{sp}} + \frac{a_\alpha'^2}{r_{sp}^2} \right) \exp\left(-\frac{r_{sp}}{a_\alpha'}\right) \right]^2 \end{aligned} \tag{6.69}$$

を得る．これが DP を遠方にて検出する際の信号強度である．なお，ここではナノ物質の寸法 a_α，位置に依存しない比例定数はすべて略した．

この式についてさらに考えるために，$2\pi\sqrt{m_{\mathrm{pol}}/m_\alpha} \cong 1$ であることから，(6.67b) を $a_\alpha' = a_\alpha$ と近似して (6.69) を計算した結果を図 6.7 に示す[5]．ここ

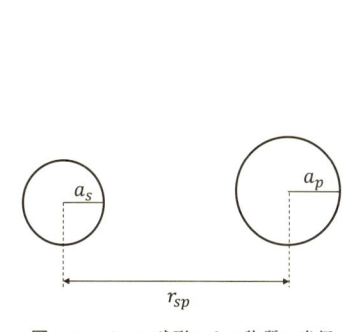

図 **6.6**　二つの球形のナノ物質の半径
と中心間距離

図 **6.7**　ナノ物質 p の半径 a_p と伝搬光の光強度密度と
の関係

両物質の表面間距離は 1 nm. 実線，破線はナノ物質 s の
半径 a_s が各々 10 nm，20 nm の場合.

では s と p の表面間距離を 1 nm とした．また，a_s の値が 10 nm，20 nm の場合の計算結果を各々実線，破線で記した．

　この図より $a_p \cong a_s$ のとき光強度は最大値をとること，すなわちナノ物質 s，p の寸法が等しいときに両者間での相互作用の強さが最大になることがわかる．この現象は「寸法依存共鳴」と呼ばれている．寸法依存共鳴の現象はナノ物質 s とナノ物質 p とが同じ寸法をもつとき DP によるエネルギー移動量が最大となることを意味している [*1]．さらに DP の空間的広がり，すなわち相互作用長はナノ物質寸法程度であることから，このエネルギー移動が起こるためにはナノ物質 s，p とが両物質の寸法程度まで近づく必要がある．これらの特徴から物質の寸法と物質間の距離が異なると異種のエネルギー移動が起こることが次のようにわかる．この独特な現象は「階層性」と呼ばれている．寸法 a_p のナノ物質 p の付近に複雑な形をした物質 s（それはナノ寸法とは限らない）があるとき，p が s に距離 a_p まで近づくと，s のうちの p と同じ寸法・形状をもつ部分に選択的にエネルギーが移動する．一方別の寸法 a_p' のナノ物質 p′ が s に距離 a_p' まで近づくと s のうち p′ と同じ寸法・形状をもつ部分にエネルギー移

[*1]　2.2.2 節に示した開口 Σ の後ろの空間の光の場の場合，平面 Σ' 上での光の場の寸法 x_2 は (2.59) に示すように開口の寸法 a に反比例する．これはオンシェル光子が示す回折の特徴であり，決して $x_2 = a$ とはならない．一方，本項の場合，オフシェル光子を扱っているので回折とは無縁であり $a_p \cong a_s$ のとき光強度は最大となるのである．これはナノ物質 s，p の間の DP によるエネルギー移動において DP の運動量が保存されることに相当している．

動が起こる．またこれら二種のエネルギー移動の量と方向は互いに干渉し合わ
ない．このことから互いに近距離にある小寸法の物質の間でのエネルギー移動
は，それより大きな寸法の物質の間（それらの距離は上記よりも大きい）での
エネルギー移動とは独立であることがわかる．

7 Phonon coupling and novel phenomena
フォノンとの結合と新現象

本章ではDPとフォノン(結晶の格子振動を表す準粒子．4.3節参照)の相互作用に起因して新しい準粒子が生成されることを指摘する．これはドレスト光子フォノン（DPP）と呼ばれているが，7.1節ではその生成の様子，性質について説明する．7.2節ではこのDPPが関与する光の新しい吸収と放出の現象について記す．

7.1 ドレスト光子フォノン

図5.1のプローブの中でDPがフォノンと相互作用する様子について考えよう[1)]．この場合，巨視的物質中のフォノンと光子との相互作用とは異質の相互作用が生ずる．これはプローブの先端がナノ寸法であり，またプローブの長さが有限であることによる．

7.1.1 新しい準粒子の生成

湯川関数は物質の寸法に依存する（(6.65)参照）．これは結晶格子中の原子についてもいえるのでプローブに光が入射したとき，プローブ中の各原子の位置（サイト）にはDPが生成し停留する．この系のハミルトニアンは

$$\hat{H} = \sum_{i=1}^{N} \hbar\omega \tilde{a}_i^{\dagger}\tilde{a}_i + \left\{ \sum_{i=1}^{N} \frac{\hat{\boldsymbol{p}}_i^2}{2m_i} + \sum_{i=1}^{N-1} \frac{k}{2}(\hat{\boldsymbol{x}}_{i+1} - \hat{\boldsymbol{x}}_i)^2 + \sum_{i=1,N} \frac{k}{2}\hat{\boldsymbol{x}}_i^2 \right\} + \sum_{i=1}^{N} \hbar\chi \tilde{a}_i^{\dagger}\tilde{a}_i\hat{\boldsymbol{x}}_i + \sum_{i=1}^{N-1} \hbar J \left(\tilde{a}_i^{\dagger}\tilde{a}_{i+1} + \tilde{a}_{i+1}^{\dagger}\tilde{a}_i \right) \tag{7.1}$$

と表される. $\tilde{a}_i$, $\tilde{a}_i^\dagger$ は i 番目のサイトに停留する DP の消滅, 生成演算子 ((6.23),
(6.24) 参照), $\hbar\omega$ は DP のエネルギーである. $\hat{x}_i$, $\hat{p}_i$, m_i は i 番目のサイト
の原子の変位の演算子, 運動量の演算子, 質量である. k は各原子を結ぶバネ
のバネ定数である. 第三項の $\hbar\chi$, 第四項の $\hbar J$ は各々 DP とフォノンの相互
作用エネルギー, DP が隣のサイトへ跳躍する跳躍エネルギーである. χ, J は
各々結合定数, 跳躍定数と呼ばれている.

フォノンの消滅, 生成演算子 $\hat{c}_p$, $\hat{c}_p^\dagger$ ((4.31), (4.32) 参照) を用いると (7.1) は

$$\hat{H} = \sum_{i=1}^{N} \hbar\omega \tilde{a}_i^\dagger \tilde{a}_i + \sum_{p=1}^{N} \hbar\Omega_p \hat{c}_p^\dagger \hat{c}_p + \sum_{i=1}^{N}\sum_{p=1}^{N} \hbar\chi_{ip}\tilde{a}_i^\dagger \tilde{a}_i \left(\hat{c}_p^\dagger + \hat{c}_p \right)$$
$$+ \sum_{i=1}^{N-1} \hbar J \left(\tilde{a}_i^\dagger \tilde{a}_{i+1} + \tilde{a}_{i+1}^\dagger \tilde{a}_i \right) \tag{7.2}$$

となる. ここで Ω_p は番号 p で表されるモードのフォノンの固有角周波数, χ_{ip}
は i 番目の原子にある DP とモード番号 p のフォノンとの結合定数である. こ
こで現れた二つの添え字 i と p は各々原子のサイト番号, フォノンのモード番
号であり, 両者のもつ意味は互いに異なることに注意されたい.

(4.28), (4.31), (4.32) を使って (7.1) 右辺第三項を変形し, (7.2) 右辺第三項
と比較すれば, サイト依存の結合定数 χ_{ip} は (7.1) 中の結合定数 χ により

$$\chi_{ip} = \chi P_{ip}\sqrt{\frac{\hbar}{2m_i\Omega_p}} \tag{7.3}$$

と表されることがわかる. DP, フォノンの消滅, 生成演算子は (4.33) に加え
ボーズ粒子の交換関係

$$\left[\tilde{a}_i, \tilde{a}_j^\dagger\right] = \delta_{ij},$$
$$[\tilde{a}_i, \hat{c}_p] = \left[\tilde{a}_i, \hat{c}_p^\dagger\right] = \left[\tilde{a}_i^\dagger, \hat{c}_p\right] = \left[\tilde{a}_i^\dagger, \hat{c}_q^\dagger\right] = 0,$$
$$[\tilde{a}_i, \tilde{a}_j] = \left[\tilde{a}_i^\dagger, \tilde{a}_j^\dagger\right] = [\hat{c}_p, \hat{c}_q] = [\hat{c}_p^\dagger, \hat{c}_q^\dagger] = 0 \tag{7.4}$$

を満たす.

以下では局在フォノン (4.3 節参照) がプローブに存在する場合, この局在
フォノンが DP の空間分布に影響を及ぼすことを示すためにユニタリ演算子

$$\hat{U} = e^{\hat{S}} \tag{7.5a}$$

ただし

$$\hat{S} = \sum_{i=1}^{N} \sum_{p=1}^{N} \frac{\chi_{ip}}{\Omega_p} \tilde{a}_i^\dagger \tilde{a}_i \left(\hat{c}_p^\dagger - \hat{c}_p \right) \tag{7.5b}$$

によりハミルトニアンを部分的に対角化する. さらにこの演算子 $\hat{U}$ を用いて DP とフォノンの消滅, 生成演算子を変換すると

$$\hat{\alpha}_i^\dagger \equiv \hat{U}^\dagger \tilde{a}_i^\dagger \hat{U} = \tilde{a}_i^\dagger \exp \left\{ -\sum_{p=1}^{N} \frac{\chi_{ip}}{\Omega_p} \left(\hat{c}_p^\dagger - \hat{c}_p \right) \right\} \tag{7.6a}$$

$$\hat{\alpha}_i \equiv \hat{U}^\dagger \tilde{a}_i \hat{U} = \tilde{a}_i \exp \left\{ \sum_{p=1}^{N} \frac{\chi_{ip}}{\Omega_p} \left(\hat{c}_p^\dagger - \hat{c}_p \right) \right\} \tag{7.6b}$$

$$\hat{\beta}_p^\dagger \equiv \hat{U}^\dagger \hat{c}_p^\dagger \hat{U} = \hat{c}_p^\dagger + \sum_{p=1}^{N} \frac{\chi_{ip}}{\Omega_p} \tilde{a}_i^\dagger \tilde{a}_i \tag{7.7a}$$

$$\hat{\beta}_p \equiv \hat{U}^\dagger \hat{c}_p \hat{U} = \hat{c}_p + \sum_{p=1}^{N} \frac{\chi_{ip}}{\Omega_p} \tilde{a}_i^\dagger \tilde{a}_i \tag{7.7b}$$

を得る.

これらの変換された演算子は DP とフォノンが一体となった新しい準粒子の生成, 消滅演算子と考えることができる. またこれらの準粒子はもとの演算子と同じくボーズ粒子の交換関係を満たす. すなわち

$$\left[\hat{\alpha}_i, \hat{\alpha}_j^\dagger \right] = \hat{U}^\dagger \tilde{a}_i \hat{U} \hat{U}^\dagger \tilde{a}_j^\dagger \hat{U} - \hat{U}^\dagger \tilde{a}_j^\dagger \hat{U} \hat{U}^\dagger \tilde{a}_i \hat{U} = \hat{U}^\dagger \left[\tilde{a}_i, \tilde{a}_j^\dagger \right] \hat{U} = \delta_{ij}, \tag{7.8}$$

同様に

$$\left[\hat{\beta}_p, \hat{\beta}_q^\dagger \right] = \delta_{pq}, \tag{7.9}$$

$$\left[\tilde{\alpha}_i, \tilde{\beta}_p \right] = \left[\tilde{\alpha}_i, \tilde{\beta}_p^\dagger \right] = \left[\tilde{\alpha}_i^\dagger, \tilde{\beta}_p \right] = \left[\tilde{\alpha}_i^\dagger, \tilde{\beta}_p^\dagger \right] = 0, \tag{7.10a}$$

$$[\tilde{\alpha}_i, \tilde{\alpha}_j] = \left[\tilde{\alpha}_i^\dagger, \tilde{\alpha}_j^\dagger \right] = \left[\tilde{\beta}_p, \tilde{\beta}_q \right] = \left[\tilde{\beta}_p^\dagger, \tilde{\beta}_q^\dagger \right] = 0 \tag{7.10b}$$

が成り立つ.

これらの生成, 消滅演算子を用いてハミルトニアン (7.2) を書き直すと

$$\hat{H} = \sum_{i=1}^{N} \hbar\omega \hat{\alpha}_i^\dagger \hat{\alpha}_i + \sum_{p=1}^{N} \hbar\Omega_p \hat{\beta}_p^\dagger \hat{\beta}_p - \sum_{i=1}^{N} \sum_{j=1}^{N} \sum_{p=1}^{N} \frac{\hbar \chi_{ip} \chi_{jp}}{\Omega_p} \hat{\alpha}_i^\dagger \hat{\alpha}_i \hat{\alpha}_j^\dagger \hat{\alpha}_j$$
$$+ \sum_{i=1}^{N-1} \hbar \left(\hat{J}_i \hat{\alpha}_i^\dagger \hat{\alpha}_{i+1} + \hat{J}_i^\dagger \hat{\alpha}_{i+1}^\dagger \hat{\alpha}_i \right) \tag{7.11a}$$

となる. ただし

$$\hat{J}_i = J \exp\left\{\sum_{p=1}^{N} \frac{(\chi_{ip} - \chi_{i+1p})}{\Omega_p} \left(\hat{\beta}_p^\dagger - \hat{\beta}_p\right)\right\} \tag{7.11b}$$

である.

(7.6a), (7.7a) の生成演算子の意味はこれらを真空状態 $|0\rangle$ に作用させることにより明らかになる. たとえば (7.6a) の演算子の場合,

$$\hat{\alpha}_i^\dagger |0\rangle = \tilde{a}_i^\dagger \exp\left\{-\sum_{p=1}^{N} \frac{\chi_{ip}}{\Omega_p}\left(\hat{c}_p^\dagger - \hat{c}_p\right)\right\}|0\rangle = \tilde{a}_i^\dagger \prod_{p=1}^{N} \exp\left\{-\frac{\chi_{ip}}{\Omega_p}\left(\hat{c}_p^\dagger - \hat{c}_p\right)\right\}|0\rangle$$

$$= \tilde{a}_i^\dagger \prod_{p=1}^{N} \exp\left\{-\frac{1}{2}\left(\frac{\chi_{ip}}{\Omega_p}\right)^2\right\} \exp\left(-\frac{\chi_{ip}}{\Omega_p}\hat{c}_p^\dagger\right)|0\rangle$$

$$\tag{7.12}$$

となることから（第 1 行から第 2 行へは $\hat{c}_p|0\rangle = 0$ であることを使用）, $\hat{\alpha}_i^\dagger|0\rangle$ という状態はそのサイト番号の原子 i に停留する DP に多モード（モード数 N）のコヒーレント状態のフォノンが付随した状態であることがわかる（光のコヒーレント状態に関する (3.148), (3.154) 参照）. すなわちこれは DP が無限個のフォノンのエネルギーの衣をまとった準粒子の状態を表すので, この新しい準粒子はドレスト光子フォノン（DPP）と呼ばれている.

上記の多モードのフォノンはプローブ先端のナノ寸法領域に閉じ込められていることから, その状態関数は凝集しやすく, 従って多モードのフォノンはコヒーレント状態になりやすい. すなわちこの状態では各モードの格子振動の位相が互いに揃う. 一方, 巨視的物質中の格子振動の位相は不規則であり物質の発熱の原因となる. 従ってナノ寸法領域ではコヒーレント状態のフォノンは発熱とは無縁である. なお, プローブに光が入射してフォノンが励起されたとき, その初期の時間領域でコヒーレント状態が生成したとしても, その後フォノン–フォノン散乱により緩和し, コヒーレント状態は消滅する. このフォノン–フォノン散乱がレーザーにおける発振しきい値を与える共振器の損失に相当する. しかしフォノン–フォノン散乱による損失以上のエネルギーをもつ光を外部から供給すればコヒーレント状態が維持される. この維持に必要な光エネルギーの最小値がレーザーの場合の発振しきい値に相当する.

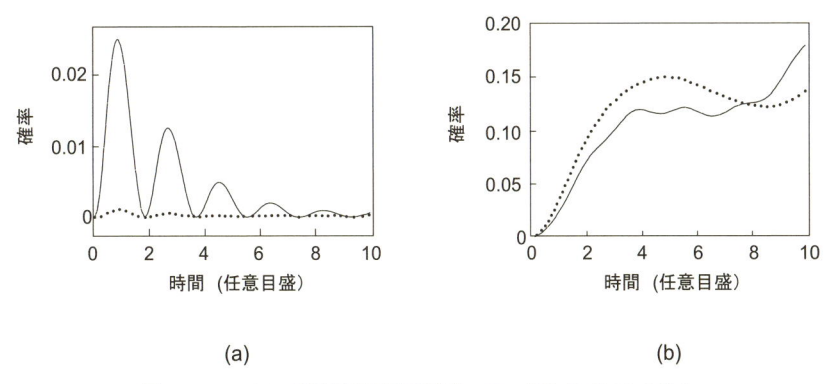

図 **7.1** フォノンの励起確率の時間変化. モード数 N が 20 の場合
不純物原子は 4, 6, 13, 19 番目のサイトに存在. その質量は周囲の原子の質量の 0.2 倍. $\chi = 10.0\,\mathrm{fs}^{-1}\mathrm{nm}^{-1}$. (a) 局在モード. (b) 非局在モード.
実線は不純物原子のあるサイト 4 にドレスト光子が発生した場合. 点線はサイト 5 にドレスト光子が発生した場合.

次に (7.7a) の演算子の場合には

$$\hat{\beta}_p^\dagger |0\rangle = \hat{c}_p^\dagger |0\rangle \tag{7.13}$$

となり, DP の演算子が消えフォノンの演算子だけで表される. すなわちフォノンは変換後もフォノンのままであり, DP の影響は受けない.

コヒーレント状態は準粒子が無限個凝集した状態であるが, ハミルトニアンの固有状態ではないので, 準粒子の数やエネルギーは常に揺らいでいる. プローブに光が入射するとこの揺らぎに起因してフォノンが励起される. フォノンの場が真空状態にある場合, 時刻 $t = 0$ において光が入射しサイト i に DP が発生した状態 $|\psi\rangle = \tilde{a}_i^\dagger |0\rangle$ を初期状態とすると, 局在モードのフォノンと非局在モードのフォノンの励起確率の時間変化は各々図 7.1(a), (b) のようになる. 両図の実線を比較すると光が入射した直後はまず局在モードのフォノンが励起され, それに遅れて非局在モードのフォノンの励起確率が次第に増加する. また, 図 7.1(a) の点線によると局在フォノンはその局在サイト (不純物原子のあるサイト) に DP がなければ励起されないこともわかる.

DP の場合と同様に DPP の運動量 (波数) は大きな不確定性をもつ. さらにまた DPP は時間的にも空間的にも変調されている. 特に時間的な変調の結果, DPP は無数の変調側波帯をもつ. これと双対な関係として, ナノ物質中の

電子も光子とフォノンのエネルギーの衣をまとい，その結果電子のエネルギーは変調される．

　従来のオンシェル領域の光散乱現象（ラマン散乱など）には一つのフォノンが関与していた．これに対し，上記のコヒーレント状態のフォノンは無数のフォノンからなっているので電子の DPP 援用励起を可能とする．従ってこの励起の様子を調べる際，ナノ物質の状態を電子状態とフォノン状態との直積で表す必要が生ずる．たとえば半導体の場合，これは伝導帯と価電子帯との間のエネルギーバンドギャップ中にもフォノンの無数のエネルギー状態を考えなくてはならないことを意味する．このような擬連続的なエネルギー状態の分布は DP とコヒーレント状態のフォノンとが結合した結果，電子のエネルギーが変調されたことに起因している．

7.1.2　停留の条件とその位置

　DP がフォノンと相互作用しない場合には，DP に関連する物理量（エネルギー $\hbar\omega$，跳躍定数 J）はすべてのサイトで等しい値をとるため，DP が特定のサイトへ停留することはない．しかし相互作用する場合には局在フォノンにより DP の空間的振る舞いも影響を受ける．簡単のために跳躍のサイト依存性は無視して跳躍定数 J により表すと，DP に関するハミルトニアン（(7.11a) のうちの第一，三，四項）は次の二次形式で表される．

$$\hat{H}_{DP} = \sum_{i=1}^{N} \hbar\,(\omega - \omega_i)\hat{\alpha}_i^{\dagger}\hat{\alpha}_i + \sum_{i=1}^{N-1} \hbar J \left(\hat{\alpha}_i^{\dagger}\hat{\alpha}_{i+1} + \hat{\alpha}_{i+1}^{\dagger}\hat{\alpha}_i \right) \tag{7.14a}$$

ただし

$$\omega_i = -\sum_{j=1}^{N} \frac{\chi\langle \boldsymbol{x}_j \rangle_i}{2N} \tag{7.14b}$$

であり，$\langle \hat{\boldsymbol{x}}_j \rangle_i$ はサイト番号 j の原子の変位 $\hat{\boldsymbol{x}}_j$ の期待値である．

　(7.14a) をもとにサイト番号 i の原子にある DP の数の演算子 $\hat{N}_i\left(= \hat{\alpha}_i^{\dagger}\hat{\alpha}_i\right)$ のハイゼンベルグ表示（3.2.1 節 (7) 参照）

$$\hat{N}_i\,(t) = \exp\left(i\frac{\hat{H}_{DP}}{\hbar}t \right) \hat{N}_i \exp\left(-i\frac{\hat{H}_{DP}}{\hbar}t \right) \tag{7.15}$$

を求め，サイト i の DP の数の期待値 $\langle N_i\,(t) \rangle_j = \langle \psi_j | \hat{N}_i\,(t) | \psi_j \rangle$ の時間的変

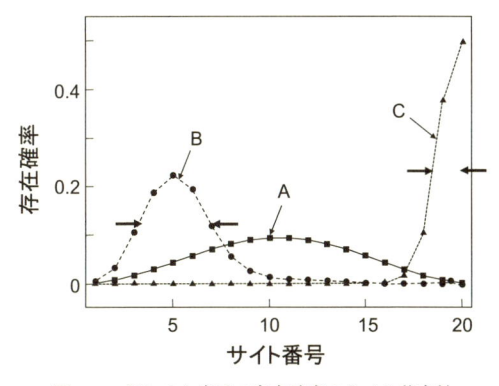

図 **7.2** ドレスト光子の存在確率のサイト依存性

モード数 N が 20 の場合. 不純物原子は 4, 6, 13, 19 番目のサイトに存在. その質量は周囲の原子の質量の 0.2 倍. $\hbar\omega = 1.81\,\mathrm{eV}$, $\hbar J = 0.5\,\mathrm{eV}$. 曲線 A, B, C は各々 $\chi = 0$, 40.0, 54.0 $\mathrm{fs^{-1}nm^{-1}}$ の場合.

化のようすを計算すると DP が特定のサイトに停留する条件がわかる. すなわち, フォノンと結合しない場合 ($\chi = 0$), DP は跳躍のために時間とともに常に移動し, 停留せず, さらに系の寸法が有限であるため DP は系の端部で反射する. 一方, フォノンと結合する場合 ($\chi \neq 0$) には, DP は任意のサイトに跳躍できず, 局在モードのフォノンのサイト (不純物のサイト) の間を跳躍する. また, 相互作用のない場合に比べ, 一つのサイトに停留する時間が長くなる. DP とフォノンとの結合の強さが DP の跳躍の頻度より多ければ停留することから, 停留の条件は

$$\chi > N\sqrt{\frac{kJ}{\hbar}} \tag{7.16}$$

であることがわかっている.

図 7.2 は各サイトにおける DP の存在確率を表す. フォノンとの結合がない場合 (曲線 A : $\chi = 0$), DP は跳躍してプローブ全体に分布している. それに対しフォノンと結合すると不純物サイトに停留するようになる (曲線 B : $\chi = 40.0\,\mathrm{fs^{-1}nm^{-1}}$). フォノンとの結合がさらに強くなると, 端部 (図の右端) にも停留するようになる (曲線 C : $\chi = 54.0\,\mathrm{fs^{-1}nm^{-1}}$). これは系の寸法が有限であることに起因する現象であり, 「有限寸法効果」とも呼ばれている[2,3].

7.2 ドレスト光子フォノンが関与する光の吸収と放出

DP は電子・正孔対のエネルギーの衣をまとった光子なので 6.1 節末尾に示したようにその固有エネルギーは無数の変調側波帯を有する. そのうちのいくつかの上側波帯の固有エネルギー $\hbar\omega'_k$ の値は入射光の光子エネルギー $\hbar\omega_o$ より大きい. 前節に記した DPP は電子・正孔対のみでなくフォノンのエネルギーの衣をもまとった光子なので, DP の場合よりさらに多くの変調の側波帯を有し, 上側波帯の固有エネルギー $\hbar\omega''_k$ の値は入射光の光子エネルギー $\hbar\omega_o$ より大きい. 従って図 7.3 に示すように DPP のエネルギーがナノ物質 1 からナノ物質 2 に移動したとき, ナノ物質 2 の電子・正孔対がこの上側波帯と共鳴する場合にはこの固有エネルギー $\hbar\omega''_k$ を吸収して励起される. $\hbar\omega''_k$ の値は入射光の光子エネルギー $\hbar\omega_o$ の値より大きいので, この遷移過程はエネルギー上方変換に相当する. 一方, 下側波帯と共鳴する場合はエネルギー下方変換に相当する. 本節ではこの遷移過程に関連する光の新しい吸収, 放出の現象について記す. ただしここではナノ物質のエネルギー状態として電子状態のみでなくフォノンの状態が寄与しているので, 無数の側波帯のうち特にフォノンの状態と共鳴するものを抽出して考える. 後掲の図 7.4(a)〜(c) 中の上向き, 下向きの矢印はこのような一つの側波帯を表している. 図 7.3 の□内の図は入射光, DPP のスペクトル形状を表す. 後者のスペクトルは変調されている.

(7.6a), (7.6b) 中の DP の生成, 消滅演算子 $\tilde{a}_i^\dagger$, $\tilde{a}_i$ は, DPP が媒介するナノ物質間の相互作用によりナノ物質中の電子を基底状態 $|E_g; el\rangle$ と励起状態 $|E_{ex}; el\rangle$ との間で遷移させることに関与している. さらに (7.6a), (7.6b) 右辺の指数関数の中にあるフォノンの生成, 消滅演算子 $\hat{c}_p^\dagger$, $\hat{c}_p$ はナノ物質中のフォノンを熱平衡状態 (基底状態) $|E_{\mathrm{thermal}}; phonon\rangle$ と励起状態 $|E_{ex}; phonon\rangle$ との間で遷移させることに関与している. 従って DPP が媒介するナノ物質間の相互作用を取り扱うとき, ナノ物質については電子状態とフォノン状態の直積 $\otimes$ を使って表される状態 (たとえば $|E_g; el\rangle \otimes |E_{\mathrm{thermal}}; phonon\rangle$, $|E_g; el\rangle \otimes |E_{ex}; phonon\rangle$, $|E_{ex}; el\rangle \otimes |E_{\mathrm{thermal}}; phonon\rangle$, $|E_{ex}; el\rangle \otimes |E_{ex}; phonon\rangle$) を考える必要がある.

ここで示したように電子状態にフォノンの状態が直積の形で現れているので,

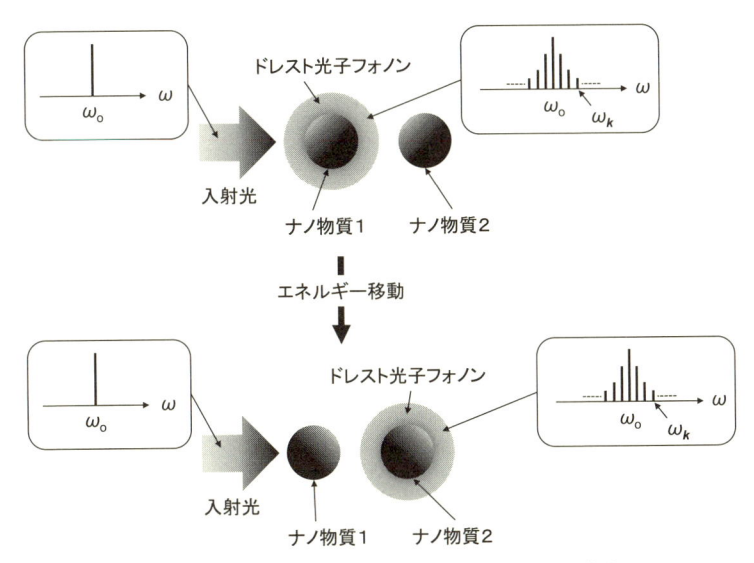

図 **7.3**　ドレスト光子フォノンのエネルギー移動のようす

ナノ物質中の電子・正孔対の固有エネルギーにも無数のフォノンの状態が付随していると考える必要がある．後掲の図 7.4〜7.7 中の多数の水平線は電子・正孔対のエネルギーの変調側波帯としてのフォノンの状態を表す．

このような電子状態とフォノン状態の直積で表される状態を考えると新しい遷移が可能となる．これは断熱過程（4.1 節参照）ではなく，非断熱過程に相当する．従来の伝搬光（実光子）と物質との間の相互作用では電気双極子許容遷移が関与していたため，電子状態 $|E_g; el\rangle$ または $|E_{ex}; el\rangle$ のみを考慮すれば十分であり，これが断熱過程だったのである．

光の吸収，自然放出，誘導放出の過程に DPP がどのように関与するかについて考えよう[4]．考察対象の材料として半導体を取り上げる．

(1) 一段階遷移

図 7.4(a)，(b)，(c) は一段階の光の吸収，自然放出，誘導放出の過程である．これは従来の伝搬光（実光子）が関与する遷移過程と似ているが，従来の場合は吸収または放出される光のエネルギーはボーアの周波数条件 (3.104) を満たすことに注意されたい．

これに対し図 7.4(a)，(b)，(c) の場合には複数個（n 個）のフォノンが関与

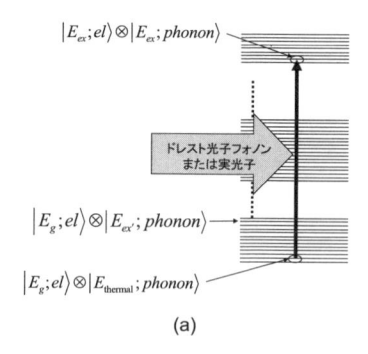

(a)

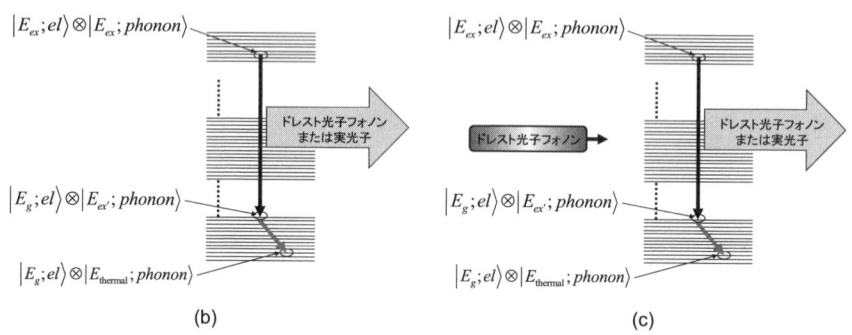

(b)　　　　　　　　　　　　　　　　　　(c)

図 7.4　一段階の遷移過程
(a) 吸収. (b) 自然放出. (c) 誘導放出.

するため，吸収または放出される光のエネルギーは $E_g \pm nE_{\mathrm{phonon}}$ となる．ここで E_{phonon} はフォノンのエネルギーである．光の吸収過程では記号 $-$ の場合はエネルギー上方変換，$+$ の場合にはエネルギー下方変換となる．光の放出の場合には記号 $-$ の場合エネルギー下方変換，$+$ の場合にはエネルギー上方変換となる．また，電子状態 $|E_g; el\rangle$ と $|E_{ex}; el\rangle$ との間が電気双極子禁制遷移であってもよい．

(2) 二段階遷移

表 7.1〜7.3，および図 7.5〜7.7 は二段階の光の吸収，自然放出，誘導放出の過程である．この場合，半導体に入射する光のエネルギー $h\nu$ が E_g よりずっと小さくともよい．ここでは $h\nu \simeq E_g/2$ の場合を考える．すなわち入射光の光子エネルギーの二倍に達する顕著なエネルギー上方変換，下方変換が実現する．また，電子状態 $|E_g; el\rangle$ と $|E_{ex}; el\rangle$ との間が電気双極子禁制遷移であってもよい．

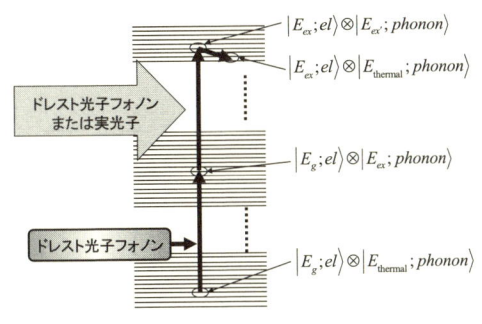

図 7.5　二段階吸収

(a) 吸収：　入射光およびDPのエネルギーは材料のバンドギャップエネルギー E_g より小さいので，電子が価電子帯から伝導帯に励起されるには，図7.5に示すように次の二段階が必要である．

【第一段階】　始状態では電子は基底状態 $|E_g; el\rangle$ にある．これは半導体では電子が価電子帯中にあることに相当する．また，フォノンは結晶格子温度で決まる熱平衡状態 $|E_{\mathrm{thermal}}; phonon\rangle$ にある．結晶格子温度が0Kの場合には真空状態 $|0; phonon\rangle$ となる．従って始状態は両者の直積 $|E_g; el\rangle \otimes |E_{\mathrm{thermal}}; phonon\rangle$ によって表される．これがDPPのエネルギーを受けて励起される．ただし入射光およびDPのエネルギーは材料のバンドギャップエネルギー E_g より小さいので，電子は伝導帯へは励起されず，依然として基底状態 $|E_g; el\rangle$ にある．しかし，フォノンはDPのエネルギーで決まる励起状態 $|E_{ex}; phonon\rangle$ へと励起され，直積 $|E_g; el\rangle \otimes |E_{ex}; phonon\rangle$ で表される状態に達する．電子はこの遷移の前後で基底状態にあるので，この遷移は電気双極子禁制遷移である．この状態 $|E_g; el\rangle \otimes |E_{ex}; phonon\rangle$ が二段階励起における中間状態である．

【第二段階】　これは上記の中間段階から終状態への励起であるが，終状態では電子は励起状態 $|E_{ex}; el\rangle$，すなわち伝導帯にある．これは電子の基底状態 $|E_g; el\rangle$ から励起状態 $|E_{ex}; el\rangle$ への遷移なので，電気双極子許容遷移である．従って DPP のみでなく，伝搬光によっても励起することができる．遷移の結果，電子の励起状態 $|E_{ex}; el\rangle$ とフォノンの励起状態 $|E_{ex'}; phonon\rangle$ との直積 $|E_{ex}; el\rangle \otimes |E_{ex'}; phonon\rangle$ で表される状態に達する．フォノンはこの後に熱平衡状態 $|E_{\mathrm{thermal}}; phonon\rangle$ に緩和し，第二段階が終了する．このフ

表 **7.1**　二段階の吸収過程

(1) $|E_g; el\rangle$ は電子の基底状態，$|E_{\text{thermal}}; phonon\rangle$ はフォノンの熱平衡状態

(2) $|E_{ex}; phonon\rangle$ はフォノンの励起状態

(3) $|E_{ex}; el\rangle$ は電子の励起状態，$|E_{ex'}; phonon\rangle$ はフォノンの励起状態

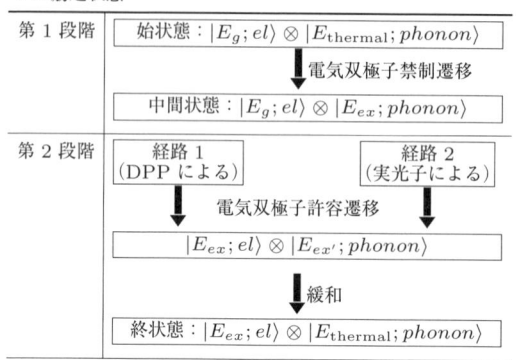

フォノンの熱平衡状態と電子の励起状態との直積が二段階励起における終状態 $|E_{ex}; el\rangle \otimes |E_{\text{thermal}}; phonon\rangle$ である．以上をまとめると表 7.1 のようになる．

(b) 自然放出：　図 7.6 に示す次の二段階からなる．

【第一段階】　放出は上記 (a) の吸収と逆過程なので，始状態は伝導帯中の電子の励起状態とフォノンの熱平衡状態との直積 $|E_{ex}; el\rangle \otimes |E_{\text{thermal}}; phonon\rangle$ である．これが電子の基底状態 $|E_g; el\rangle$，すなわち価電子帯へと脱励起するが，これは (a) の第二段階の逆過程に相当するので電気双極子許容遷移である．従ってこの放出過程では DPP のみでなく伝搬光も発生する．その結果，中間状態 $|E_g; el\rangle \otimes |E_{ex}; phonon\rangle$ へと達する．なお，DPP を放出した後の状態を構成するフォノンの励起状態 $|E_{ex}; phonon\rangle$ はフォノンの熱平衡状態 $|E_{\text{thermal}} : phonon\rangle$ よりずっと高いエネルギーをもつ．なぜならば DP はフォノンと結合し，フォノンを生成するからである．一方，伝搬光を放出した後の状態を構成するフォノンの励起状態 $|E_{ex}; phonon\rangle$ はフォノンの熱平衡状態 $|E_{\text{thermal}} : phonon\rangle$ とほぼ等しいエネルギーを有する．なぜならば伝搬光はフォノンを生成しないからである．

【第二段階】　これは (a) の第一段階の逆過程に相当するので電気双極子禁制

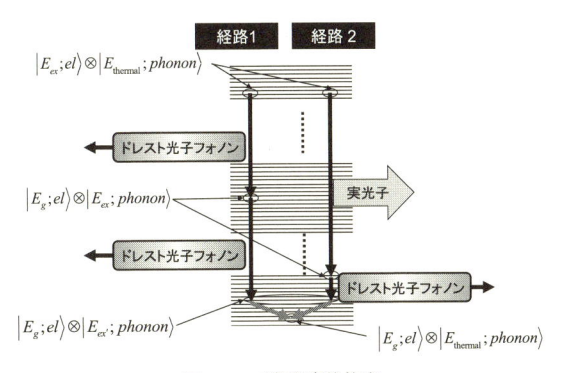

図 7.6 二段階自然放出
左右の下向き矢印は各々表 7.2 中の経路 1, 2 に相当する.

遷移である. 従ってこの放出過程で DPP を発生する. その結果, 電子は基底状態, すなわち価電子帯 $|E_g; el\rangle$ へと達し, 直積 $|E_g; el\rangle \otimes |E_{ex'}; phonon\rangle$ で表される状態への脱励起が終わる. その後フォノンは熱平衡状態へといち早く緩和し, 終状態 $|E_g; el\rangle \otimes |E_{\mathrm{thermal}}; phonon\rangle$ に達して第二段階が終了する. 以上をまとめると表7.2のようになる.

表 7.2 二段階の自然放出過程

(1) $|E_{\mathrm{thermal}}; phonon\rangle$ はフォノンの熱平衡状態
(2) フォノンの励起状態 $|E_{ex}; phonon\rangle$ は熱平衡状態 $|E_{\mathrm{thermal}}; phonon\rangle$ よりずっと高いところにある (∵ DP はフォノンを生成するから)
(3) フォノンの励起状態 $|E_{ex}; phonon\rangle$ は熱平衡状態 $|E_{\mathrm{thermal}}; phonon\rangle$ の近傍にある (∵ 伝搬光はフォノンを生成しないから)
(4) $|E_{ex'}; phonon\rangle$ はフォノンの励起状態

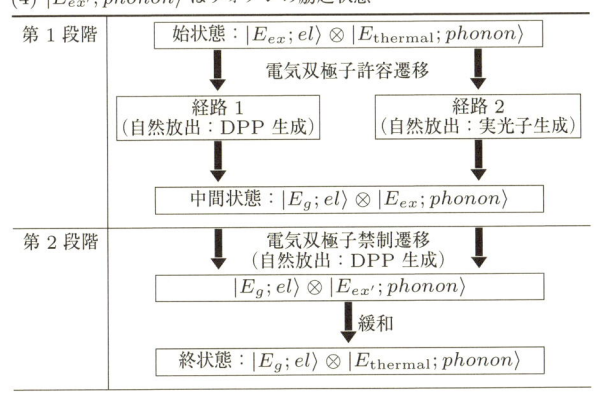

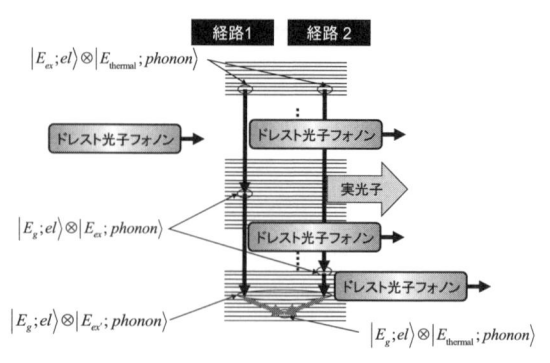

図 **7.7**　二段階誘導放出
左右の下向き矢印は各々表 7.3 中の経路 1，2 に相当する.

表 **7.3**　二段階の誘導放出過程

(1) $|E_{\mathrm{thermal}}; phonon\rangle$ はフォノンの熱平衡状態
(2) フォノンの励起状態 $|E_{ex}; phonon\rangle$ は熱平衡状態 $|E_{\mathrm{thermal}}; phonon\rangle$ よりずっと高いところにある（∵ DP はフォノンを生成するから）
(3) フォノンの励起状態 $|E_{ex}; phonon\rangle$ は熱平衡状態 $|E_{\mathrm{thermal}}; phonon\rangle$ の近傍にある（∵ 伝搬光はフォノンを生成しないから）
(4) $|E_{ex'}; phonon\rangle$ はフォノンの励起状態

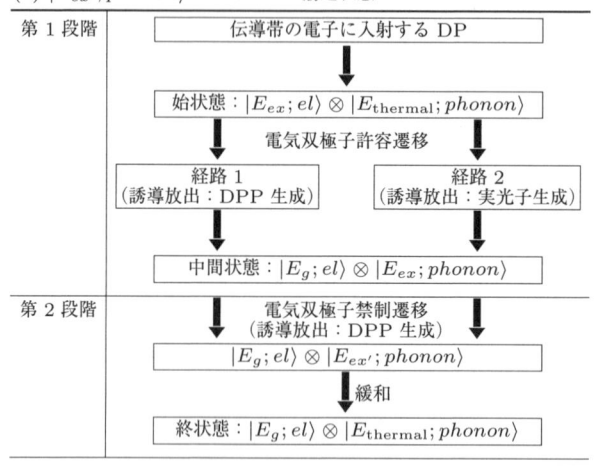

(c) 誘導放出：　光の誘導放出は図 7.7 および表 7.3 のように説明される．これらは図 7.6 および表 7.2 と同等であるが，唯一の違いは第一段階において始状態から中間状態へ遷移するには伝導帯中にある電子に DPP が入射し，これが誘導放出を引き起こすことである．

8

Applications of dressed photons

ドレスト光子の応用技術

本章ではナノ寸法の領域に発生する DP および DPP がもたらす革新的な応用技術を紹介する．しかし前章までの理論的説明に基づけばこれらは決して不思議な技術ではない．これらはまさに社会を支える包括的な基盤技術として発展しているのである．

8.1 応用技術の概観

DP の応用技術は膨大な量に上り，社会を支える基盤技術となりつつある．これには主に前章までに説明した DP の次の性質が活用されている．

① DP が媒介する相互作用のおよぶ空間範囲はナノ物質の寸法によって決まり，それは光の波長よりずっと小さいこと

② 上記 1 に起因して長波長近似が破綻し電気双極子禁制遷移が許容されること

③ ナノ物質間の DP を介したエネルギー移動において寸法依存共鳴があること

④ DPP はフォノンのエネルギー，運動量を含むこと

⑤ DPP はナノ物質の各所で生成，消滅し，これらの過程が自律的に進むこと

ここでさらに特記すべきは，上記①〜⑤に基づき 5.1.2 項末尾に記したようにオフシェル科学がオンシェル科学に対し明確に相反する実験条件を見出して使っているということである．なお，これらの技術の詳細は専門書[1] を参照していただくことにし，本節ではそれらを簡単に紹介する．

（1）DP デバイス：　半導体のナノ物質の間での DP を介したエネルギー移

動を利用することによりナノ寸法の光デバイス，すなわち DP デバイスが作られている．このデバイスでは特定の寸法比をもつ大小二つのナノ物質の間でのエネルギー移動，それにより第二のナノ物質中に励起された電子・正孔対のエネルギーの緩和と散逸を利用して光信号の伝送と取り出しを実現する．これまでに開発されているデバイスは次の二つに分類される．

① 時系列デバイス：　時系列の信号を制御するデバイスであり，論理ゲート（図 8.1(a)），周波数上方変換器，遅延帰還型の光パルス発生器，バッファメモリ，超放射型の光パルス発生器などがある．

② 空間動的デバイス：　信号を空間的に制御するデバイスであり，ナノ集光器（光ナノファウンテン）（図 8.1(b)），デジタル・アナログ変換器，エネルギー移動路などがある．

これらのデバイスの利点はその寸法が古典光学の回折限界をはるかに超えて非常に小さいことであるが，それよりも重要なことは，これらを構成するナノ寸法の半導体ナノ物質の配置がランダムでも DP のエネルギーが自律的に移動することであり，これはデバイス製作の際の大きな利点である．さらにデバイス動作時においては高い性能指数[2]，単一光子動作[3]，低散逸エネルギー[4]，低消費エネルギー[5]，耐タンパー性[6]，スキュー耐性[7] などの際立った性質を発揮する．これらの革新的な利点に基づきナノ寸法の光コンピューティングのシステムや情報セキュリティのシステムが開発されている[8,9]．

（2）微細加工（図 8.2）：　ファイバプローブ先端に発生させた DPP による分子の解離とそれを利用した微小物質の堆積（図 8.2(a)）[10]，フォトマスク開口端部に発生させた DPP によるリソグラフィ（図 8.2(b)）[11]，さらにはフォトマスク等の特別な部品を使わず被加工物質表面の小さな突起に発生する DPP によるドライエッチングを用いた自律的な表面平坦化技術（図 8.2(c)）[12] などが開発されている．これらの技術の利点はその寸法が古典光学の回折限界をはるかに超えて非常に小さい物質や構造物を形成できることであるが，さらに重要なことは，伝搬光（オンシェル光子）が DPP の近隣に存在しても加工に影響しないこと，光学不活性材料も使えること，高額な紫外光源が不要なので加工装置の消費エネルギーや価格が低減することなどである．

（3）光エネルギー変換：　DP は入射光の周波数に加えて多くの変調側波帯

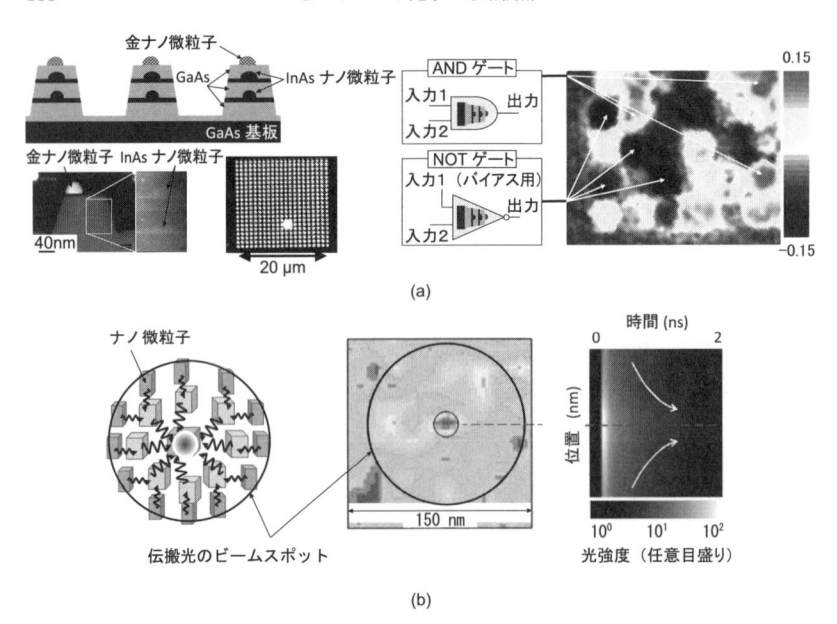

図 8.1 DP デバイス

(a) InAs のナノ微粒子を用いた論理ゲートの断面と複数のデバイスの二次元配列（左），AND 論理ゲート，NOT 論理ゲートの二次元配列からの出力信号強度の空間分布（右）.

(b) ナノ集光器の構成（左），集光された光発強度の空間分布（中），およびその時間変化（右）.

を含むことを利用しエネルギーの上方または下方変換を実現させている．その例は次の二つである．

① 光エネルギーから光エネルギーへの変換（図 8.3(a)）：　色素微粒子の間での DPP のエネルギー移動の際のエネルギー上方変換を利用し，近赤外線が可視光に変換されている[13]．一方，下方変換を利用し紫外光を可視光に変換する技術も進展している[14, 15]．

② 光エネルギーから電気エネルギーへの変換（図 8.3(b)）：　DPP のエネルギー移動の際の上方変換を利用し，半導体のバンドギャップエネルギー E_g 以下のエネルギー領域（遮断波長以上の波長領域）で，半導体の光起電力デバイスのエネルギー変換効率を向上させる技術が開発されている[16]．この場合半導体中の電子のエネルギー帯構造は変わらないので開放端電圧（起電力）は低下せず，E_g によって決まる高い値を維持している．これは DPP が発生しやすい電極の構造を形成することにより実現している．ここで特徴的なのはこの構造

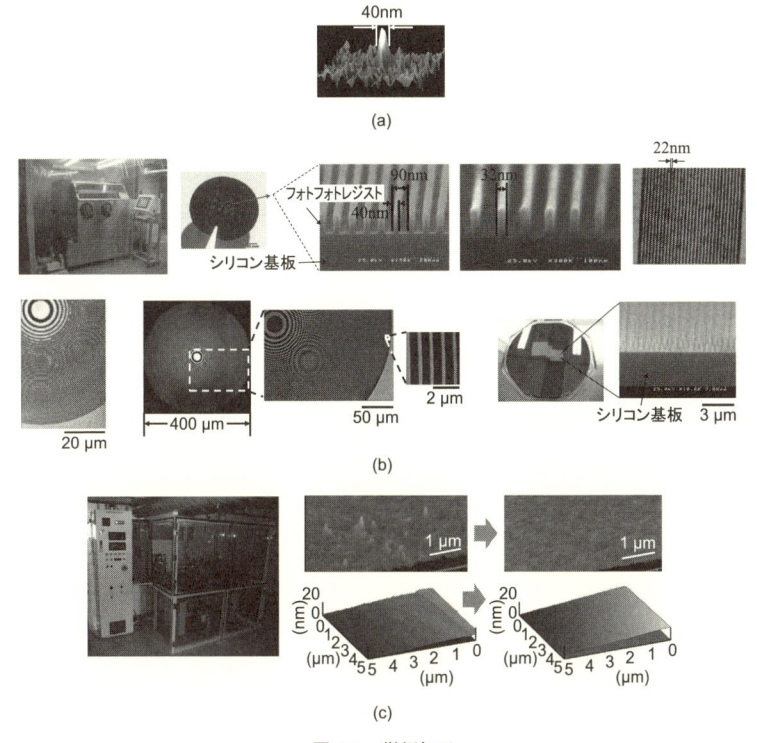

図 **8.2** 微細加工

(a) 堆積された亜鉛ナノ粒子の形．円形の石英ガラス基板の平坦化の実験結果．

(b) リソグラフィ装置（上左），加工形状（上右）（左から各々線幅 40 nm・周期 90 nm パターン．高アスペクト比のパターン．最小線幅（20 nm）のパターン）．製作された軟 X 線用デバイス（左はフレネルゾーンプレート，右は回折格子）．

(c) エッチング装置（左），石英ガラス基板（右上）（左は平坦化前，右は平坦化後），ダイヤモンド基板（右下）（左は平坦化前，右は平坦化後）．

は DPP そのものを使って自律的に作られているということである．その結果，製造装置の消費エネルギーや価格が低減するという付加価値が生じている．

8.2 新しい光源

　光学，光技術には光源が不可欠である．最近では DP を使うことにより新しい光源が生まれているので，本節ではそれを紹介しよう．この新しい光源は光

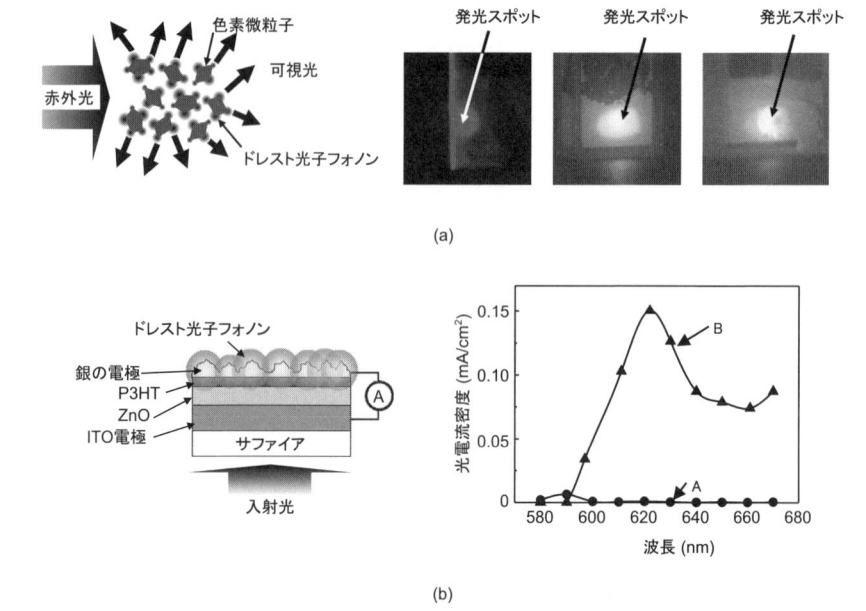

図 **8.3**　エネルギー変換

(a) 光エネルギーから光エネルギーへの変換.（左）色素微粒子への赤外線の照射と可視光の発生.（右）色素微粒子からの発光スポット写真（左から DCM からの赤色発光，540A からの緑色発光，スチルベン 420 からの青色発光）.（中，右の写真は株式会社浜松ホトニクス，藤原弘康博士のご厚意による.）(b) 光エネルギーから電気エネルギーへの変換.（左）光起電力デバイスの断面図.（右）入射光波長と光電流密度との関係（曲線 A は DPP の効果不使用，C は使用の場合）.

子ブリーディングデバイスと呼ばれている．同様にして生まれた新しい偏光制御デバイスも紹介する.

8.2.1　発光デバイス

シリコン（Si）結晶やその他の間接遷移型半導体結晶を用いて作られる革新的光源，特に発光ダイオード（LED）とレーザーについて記す．これらは前節（3）の光エネルギー変換の観点では，電気エネルギーから光エネルギーへの変換用のデバイスといえる．これらのデバイスの製作と動作の原理は直接遷移型半導体を用いた従来の受発光デバイスの原理とは異なり，さらに動作時には光子ブリーディングという際立った性質を示す[17].

(1) 発光ダイオード

まず赤外線を発生する Si 製の発光ダイオード（Si-LED）を紹介しよう. n
型 Si 結晶にボロン（B）原子をドープするとその部分は p 型になり pn ホモ
接合が形成される. これに順方向電流を注入しジュール熱を生成して加熱（ア
ニール）すると B 原子が拡散し，その濃度の空間分布が変わる. このアニー
ルの際，Si 結晶に光子エネルギー $h\nu_{anneal}$ が 0.95 eV（波長 1.30 μm）の光を
照射する. これは DPP 援用アニールと呼ばれる新しい加工方法である. この
照射光により B 原子の拡散が制御され，高効率の LED が出来上がる. 一例と
して，面積 9 mm^2 の Si 結晶を用いて製作した Si-LED では注入電流密度 4.2
A/cm^2，投入電力 11 W のとき，室温において発光パワーは 1.1 W，外部量子
効率は 15% に達する高パワー・高効率発光が確認されている.

図 8.4 中の曲線 A はこの Si-LED の発光スペクトルである[18]. DPP 援用ア
ニール前でも Si 結晶に電流を注入するとわずかに発光するので，その微弱な発
光スペクトルを曲線 B に，その拡大図を右図に示す. この拡大図により微弱な
発光スペクトルは E_g よりも高エネルギー側に分布していることがわかる. こ
れは Si 結晶中のフォノン散乱による間接遷移に起因する[19]. 曲線 A の形は曲
線 B と大きく異なっており，発光スペクトルは E_g 以下の低エネルギー側に広
がっている. また，E_g の位置に発光ピークは存在せず，製作の際に照射した光
の光子エネルギー $h\nu_{anneal}$(0.95 eV) に相当する領域にピーク（下向き矢印）が
現れている. これは B 原子の空間分布が DPP 援用アニールの際の照射光によ
り制御された結果，この光子エネルギーの光が最も効率よく放出されることに
起因している. 言い換えると，DPP アニールの際の照射光は $h\nu_{anneal}$ と同じ
光子エネルギーをもつ光子を生み出すための飼育者（breeder）の役割をしてい
る. すなわち発光は製造の際に照射した光の複製になっており，この現象は光
子エネルギーに関する光子ブリーディング（photon breeding：以下 PB と略記
する）と呼ばれている[17, 20].

なお，曲線 A の二つの上向き矢印の位置での光子エネルギーは 0.83 eV，0.89 eV
である. 従って曲線 A の三つの矢印の間隔は 0.06 eV であり，これは Si の光学
フォノンのエネルギーと一致している. すなわち二つの上向き矢印は 0.95 eV
のエネルギーをもつ DPP が一個の光学フォノンを放出し発光する過程，およ

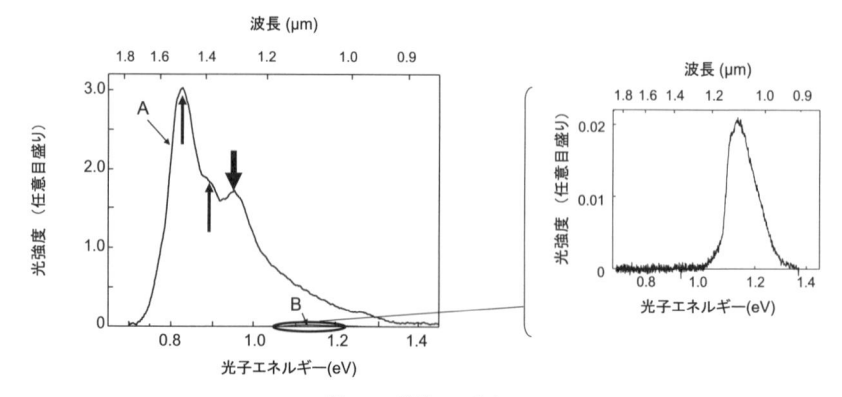

図 8.4 発光スペクトル

曲線 A は製作された LED の発光スペクトル．曲線 B は DPP 援用アニール前の微弱な発光スペクトル．左図は右図の曲線 B の拡大図．

び二個の光学フォノンを放出して発光する過程に各々対応している．これらの過程はこれらのフォノンが電子との運動量の授受にかかわっていることを表している．

　PB は上記の光子エネルギーのみでなく光子スピン（偏光）に関しても生ずることが確認されている．すなわち製作された LED から発生する光の偏光は製作の際に照射した光の偏光と同等になる[20]．

　本節で取り上げた Si-LED の原理，製作方法，動作特性は DPP が関与しているため従来のオンシェル技術による LED とは大きく異なる．従来のオンシェル技術では発生させたい光子エネルギーに相当する値のバンドギャップエネルギー E_g をもつ半導体を使っていた．これには直接遷移型半導体が用いられてきたがそれらは化合物であり，有害または稀少な元素も含んでいた．すなわち特殊な材料の探索とその結晶成長技術の開発が必要であった．これに対し本デバイスでは Si を使えばよい．またこれを製作するには，図 8.5 に示すように発生させたい光と同じ光子エネルギー，偏光をもつ光を照射すればよい．これが PB のもたらす際立った利点であるが，さらに注目すべきは Si は無害かつ豊富に産出する材料であること，そして間接遷移型半導体なので発光しないという半導体工学が始まって以来の約 70 年にわたる通説が DP を使うことにより覆されたことである．図 8.5 の要領で可視光（青，緑，赤）を発生する Si-LED

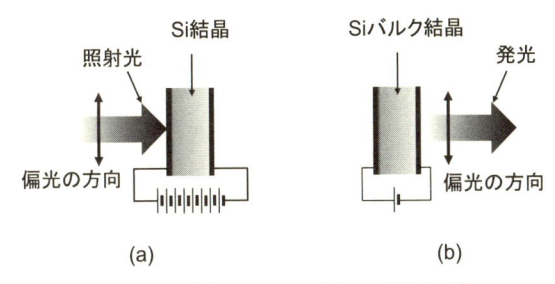

図 8.5　Si 結晶を用いた発光素子の製作と動作
(a) DPP 援用アニールによる製作. 直線偏光を照射する場合. (b) 動作時には (a) に示す光を照射する必要はない. 電流注入により (a) と同じ光子エネルギーの直線偏光が発生する.

も製作されている[21]. Si の他に間接遷移型半導体の GaP により黄色や緑色の光を発生する LED[22, 23], 間接遷移型半導体の SiC により青紫色[24], 青色, 緑色, 紫外[25], 白色の光[26] を発光する LED などが製作されている. ZnO は直接遷移型半導体であるが p 型結晶を作ることが困難なので[27] 室温における電流注入発光の例は少なかったが[28, 29], DPP 援用アニールにより pn ホモ接合の ZnO-LED が製作され, 室温で可視光の発生が可能となっている[30]. さらにまた, 上記の Si 結晶の PB を応用し, 新しい光・電気弛緩発振器[31] なども開発されている.

本節の Si-LED の製作法と動作特性はオンシェル技術による LED のそれらと大きく異なることから, Si-LED は下記のレーザーとともに「第三の光源」, さらに「PB デバイス」と呼ばれている.

(2) レーザー

赤外線を発生する Si-LED の製作法, 動作法を発展させ, PB を示すレーザーも実現している. まず第一段階では基本的な構造のデバイスとして, 共振器用のリッジ導波路の長さが $250 \sim 1000\,\mu$m の Si レーザーが製作された[32]. pn ホモ接合であるためこの導波路の光閉じ込め係数 (Γ) の値は 4.7×10^{-4} 程度と小さいものの, $26.3\,\mathrm{A/cm^2}$ という小さな透明化電流密度 (J_{tr}) が実現した. これは従来のオンシェル技術による直接遷移型半導体を用いたレーザーデバイスの約 1/10 である[33]. 注入電流 $60\,\mathrm{mA}$ のとき光出力パワーは $50\,\mu$W, 外部微分量子効率は 1% であり, これらは従来のオンシェル技術による直接遷移型半導体 (InGaAsP/InP) を用いた波長 $1.3\,\mu$m の二重ヘテロ構造のレーザーの

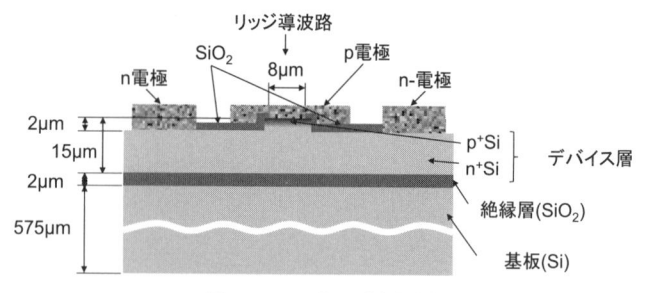

図 8.6　デバイスの断面形状

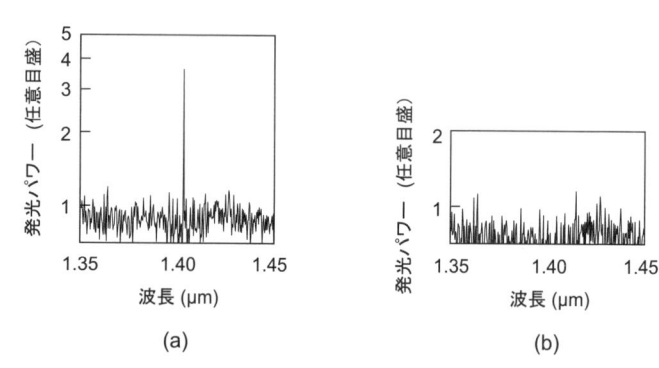

図 8.7　発光スペクトル
縦軸は対数目盛.　(a) しきい値以上.　(b) しきい値以下.

値と同程度の高い値である[34].　鋭い発振スペクトルの中心波長は DPP 援用ア
ニールの際に照射した光と同等で, PB の証左である.　レーザー発振のしきい
値電流密度 (J_{th}) は $1.1\,kA/cm^2$ であり, これは上記の直接遷移型半導体の場
合と同程度である.

　第二段階として, J_{th} をさらに低減するため大きな Γ をもつデバイスが設計
された[35].　その断面形状を図 8.6 に示す.　図 8.7 は製作されたデバイスの発光
スペクトルである (デバイス動作時の温度は 25°C).　図 8.7(a) はレーザー発
振しきい値以上でのスペクトル形状である.　波長 $1.40\,\mu m$ における鋭いスペク
トルピークは導波路が $500\,\mu m$ と長いにもかかわらず単一縦モードで連続発振
していることを表している.　これは Si 結晶の赤外吸収量が少ないため光増幅
スペクトル付近の主要縦モードのしきい値が低くなっていること, その結果,
他のモードの光増幅利得が非線形モード競合[36,37] により抑圧されていること

に起因する. 図 8.7(b) はしきい値以下でのスペクトル形状を示すが, 幅の広い ASE (amplified spontaneous emission) スペクトルが見られない. これも非線形モード競合による光増幅利得の抑圧の証左である. このデバイスの場合, J_{th} は 40 A/cm^2 と推定された. これは第一段階の場合に対し, 1/28 の値である.

ところでこのようにオフシェルの DP の技術により作られた Si レーザーの面目躍如たる長所は出力光パワーが著しく高いということである. この性能は上記のように従来の直接遷移型半導体を用いたレーザーで採用されていた導波路を排除した簡易構造とすることにより発揮される. 第三段階のデバイスはこのような高い出力光パワーを実証するために製作された. すなわち幅の狭い導波路をを排除し大きな断面をもつ長い Si 結晶をレーザー媒質として用いることにより光増幅の全利得を大きくした[38]. 高パワー化にはこのような大きな Si 結晶を用いる方が pn ホモ接合を用いた導波路の光閉じ込め係数 Γ の値を大きくするよりも有利なのである.

使われた Si 結晶の寸法は図 8.8(a) に示すように幅 1 mm, 厚さ 150 μm, 長さ 15 mm である[38]. 両端面はレーザー共振器用鏡として使うためにへき開されている. 図 8.8(b) はヒートシンクに納めた状態の外観である.

図 8.9 は製作されたデバイスの発振しきい値以上での出力光スペクトルである[39]. 図 8.7(a) の場合と異なり, ここには三つのスペクトルピーク A, B, C

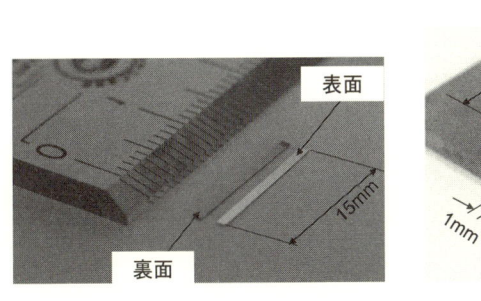

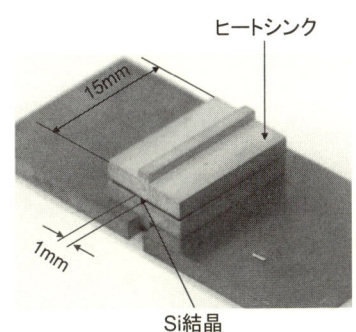

(a)　　　　　　　　　　　　　　(b)

図 **8.8** Si レーザーの外観
(a)Si 結晶. (b)Si 結晶を収めたヒートシンク.

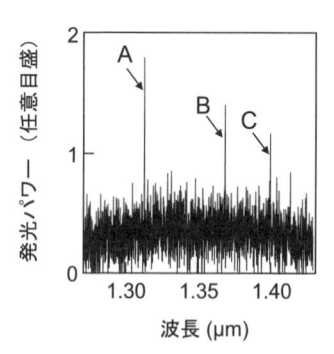

図 8.9 発光スペクトル

が見える．このような多波長動作は共振器が大きいために許容される複数の横，縦モードに起因する．スペクトルピーク A の波長は $1.31\,\mu\mathrm{m}$ である．これは DPP 援用アニールの際に使われた光の波長と同等で，PB の証左である．スペクトルピーク B，C は各々縦光学フォノン，横光学フォノンを一つ放出したことに起因する．

図 8.10 中の■印は注入電流密度 J と一方の共振器端面からの光出力パワー P_{out} との関係の測定結果を表す[40]．$J = 100\,\mathrm{A/cm^2}$ において P_{out} は 13 W と高い値に達している．これは従来のオフシェル技術による二重ヘテロ構造の InGaAsP/InP レーザーの値の 10^2 倍以上である．

図 8.10 の J_{th} が $60\,\mathrm{A/cm^2}$ と非常に小さいのはレーザー媒体の寸法が大きく，

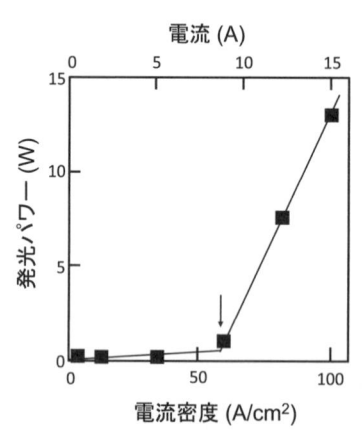

図 8.10 注入電流密度 J と光出力パワー P_{out} との関係の測定結果

従って全光増幅利得が大きいことに起因する. この図より外部電力効率 20%, 外部量子効率 80%と推定される.

本節で紹介した Si レーザーは固体レーザーや気体レーザーによく似ている. なぜならば単位体積あたりの光吸収損失が小さいからであるが, それは互いに電気的に分離されて pn ホモ接合部に生成された無数の DPP に起因する. 従って J_{th} も低減しているのである. さらにまた, 発生したレーザー光の光子密度が小さいものの, レーザー媒質の寸法を大きくすることにより出力光パワーが著しく高くなっている.

半導体レーザーの研究の初期には間接遷移型半導体の光吸収損失は特に低温において小さいことからレーザー発振に必要な電子の反転分布を実現するのに有利であると考えられていた[41]. その一方で電子の反転分布数および光増幅利得が小さいことが致命的な欠点であった. すなわち光を吸収しないものの放出もしないと指摘され, それ以来長きにわたり間接遷移型半導体はレーザー媒質には適さないと考えられてきた. この問題を回避するため, 直接遷移型半導体を材料とするオンシェル技術が現在に至るまで使われてきたのである[42].

しかし今やオフシェルの DP 技術の進歩により, 間接遷移型半導体で大きな光増幅利得が実現した. その結果 Si 結晶を用いて高い出力光パワー, 低いしきい値電流密度のレーザーが実現したのである. すなわち「光らない」どころか「強く」光り, それは光を吸収しないという利点を保ちつつ DPP により効率よく発光させることにより実現された.

8.2.2 偏光制御デバイス

本節で紹介する新しい偏光制御デバイスは電子, DPP, 磁場の相互作用により入射光の偏光を大きく回転させる. これは 8.2.1 項で紹介された SiC 結晶を用いた LED, ZnO 結晶を用いた LED を応用して開発されている. 後者については文献[43, 44]にあるので, ここでは前者について紹介しよう. 図 8.11(a), (b) は SiC 結晶を用いた反射型の偏光制御デバイスの断面構造と上面写真である[45]. 透過型のデバイスも可能である. このデバイスの構造は 8.2.1 項の SiC-LED と同等であるが, 上下の面を逆転させてある. さらに図 8.11(b) に示すように上面にストライプ状の Cr/Pt/Au 薄膜からなる H 型の電極がある. 波長 405

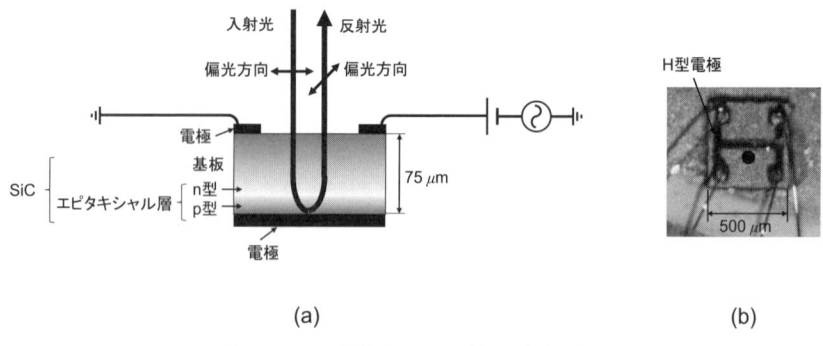

図 **8.11**　SiC 結晶を用いた反射型の偏光回転子
(a) 断面構造. (b) 上面写真. 赤丸は入射光スポットの位置.

nm の光を照射して DPP 援用アニールを行い，デバイスが製作された.

　デバイス動作の際，H 型の電極に電流を流すと pn 接合部に電子が注入されるが，同時に電極周囲に磁場が発生し，入射光の偏光が回転する. 波長 405 nm の直線偏光をデバイス表面に垂直入射し，反射光の偏光回転角 $\theta_{\rm rot}$ が測定された. 図 8.11(b) 中の●印は入射光スポットの位置を示す. この位置において発生した磁場の磁束密度のうち表面に垂直な成分 $\boldsymbol{B}_{\perp}$ の値は 1.8 mT と推定されている.

　図 8.12(a) の●印は $\boldsymbol{B}_{\perp}$ と $\theta_{\rm rot}$ の関係の測定結果である. 直線 A はこれらにあてはめた結果であり，その傾きから注入電流 1 A あたりの $\theta_{\rm rot}$ の変化量が 600 deg/A に達すると推定された. これは可視光に対して透明な従来の常磁性材料のベルデ定数の $10^5 \sim 10^6$ 倍という大きな値である[46, 47]. 同図中の右向き矢印は $\boldsymbol{B}_{\perp}$ の増加により $\theta_{\rm rot}$ の値が飽和することを表している. これは強磁性材料でよく見られる現象である. 飽和値がファラディ回転角に対応し，その値は 7800 deg/cm に達している. さらに下向きの矢印は $\boldsymbol{B}_{\perp}$ のしきい値を表し，その値は 0.36 mT である. このしきい値は強磁性材料の残留磁化に対応する.

　SiC 結晶が上記のような強磁性特性を示すのは従来のオンシェル技術では見られなかった現象である. その起源を見出すため，室温で測定されたこの結晶の単位体積当たりの磁化 M の測定値を図 8.12 中の■印にて示す[45]. 実線の曲線はこれらにあてはめた結果であり，強磁性材料に特有の明瞭なヒステリシス特性を示していることがわかる. ここで印加した磁場 H の値はデバイスに注

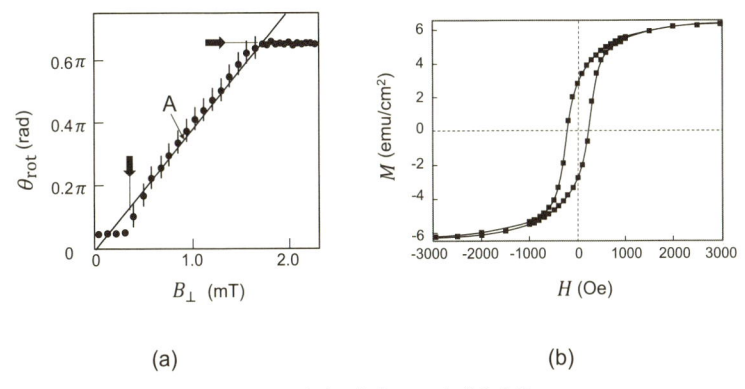

図 8.12　偏光回転角 θ_{rot} と磁化曲線

(a) $B_\perp$ と θ_{rot} との間の関係の測定結果.　(b) 温度 27°C での磁化曲線.

入した電流に比例する.

　このヒステリシス特性は DPP 援用アニールの結果 SiC 結晶において強磁性という新しい性質が発現したことを示している.　この特性は SiC 結晶中で p 型ドーパントの Al 原子が対を作ることに起因し,それは次の二つの知見から理解された.

(1)　Al 原子対中の電子軌道の三重項状態は一重項状態より安定であること[48]

(2)　三重項状態の中の互いに平行なスピンをもつ二つの電子は強磁性特性を誘起すること[49]

Further studies into novel types of light

さらに新しい光の学

　本書の最後に第1~8章の議論をまとめ，将来展望を記す．これらが本書で扱った話題よりもさらに新しい光の学を展開する一助となれば幸いである．

　[1] 役に立たなかった知識

　新しい光としての DP を学ぶことを意識しつつ第2~4章で古典光学，量子光学，光と物質の相互作用の理論を概観したところ，それらが取り扱う範囲には限界があることがわかった．すなわち光をマクスウェル方程式に基づく波として捉えるのではなく量子場として捉えるべきであること，ただし考えている空間の寸法が光波長より小さいので，従来の量子化の手法が使えないことがわかった．

　[2] ブレークスルーのために

　DP の性質を記述するには古典光学，量子光学，光と物質の相互作用の理論の枠組みを超えた理論的描像が必要である．これを参考にブレークスルーの手がかりをつかむため図 5.2 を再び眺めると，その中の直線と曲線が占めるオンシェルの領域は狭く（線分なので面積は 0），従ってそこに存在する伝搬光（実光子）は特殊な量子場であることに気づく．従来の光技術はこのような特殊な光子を使ってきたのであった．それに対しオフシェルの領域は無限に広いので，そこに存在する量子場の方がより一般的かつ普遍的である．また，オンシェルの技術では 5.1.1 項の四つの質問に対する答えは「不可」であったがオフシェルの技術では「可」となった．

　オンシェル科学技術とオフシェル科学技術は相反することに注意しながら応用技術が開発されたので，上記のような正反対の答えが出ても奇異ではない．オフシェル技術とオンシェル技術の間には共通点はないが，あえて共通点を見

出すとすれば，オフシェルにある DP の生成，検出にオンシェルの実光子を使うことである．すなわち生成にはナノ寸法の空間に DP を生成させるために伝搬光（実光子）を照射する．検出には DP が関与するナノ物質間相互作用が生じた結果を，そこから生ずる実光子として検出する．

[3] わかったこと

第 2〜4 章の古典光学，量子光学，光と物質の相互作用に潜む前提，およびこれらの前提がもたらす限界に注意して第 5〜8 章が展開された．まず第 6 章では DP の生成，消滅の原理とその性質が明らかになった．次に第 7 章では DP は多モードのコヒーレントフォノンと結合し，ドレスト光子フォノン（DPP）と呼ばれる新たな準粒子を形成して物質の突起部，物質中の不純物原子の位置に局在することが指摘された．さらに DPP が関与する光の吸収と放出の過程が紹介された．

[4] 実験を通じてあらたに見つかったこと

古典光学，量子光学，光と物質の相互作用の理論から脱却して DP の新しい理論が生まれたが，さらに重要なのはこの理論をもとに新しい現象が予言され，実験との連携によりそれが実証され革新的な応用技術が実現したことである．たとえば Si 結晶の強い発光は DPP の性質から予言されたものである（8.2 節参照）．またこれを製作する DPP 援用アニールの方法はこの予言から着想され，成功を収めた．この成功の決め手は DPP が生成する局所環境を制御できること，言い換えると DPP が効率よく生成するようにナノ領域の物質環境を制御できることであった．またこのようにして実現した発光デバイスは光子ブリーディング（PB）と呼ばれる特異な現象を示すことが見出された．

[5] まだわかっていないこと

理論で予言された現象を実験により実証してみると新たな疑問点がでてきた．それらは

① プローブの根元の実光子から先端の DP への変換（図 5.1 参照）
② DP エネルギーの自律的な移動と散逸（8.1 節（1）参照）
③ DPP の生成（8.1 節（3）1，8.2 節参照）と消滅（8.1 節（2）参照）の際の自律性
④ 光子ブリーディング（PB）の起源（8.2 節参照）

⑤ DPP から実光子への変換（8.2 節参照）

⑥ 図 5.2 中の広いオフシェル全領域を有効に使う方法

などである.

[6] わかるためには

上記 [5] の疑問に答えるためには

(a) 階層性（6.2.2 項参照）の理解のために複雑系物理学の手法を導入する
   こと

(b) 自律性の理解のために数理科学モデルを構築しシミュレーション手法を
   導入すること

(c) エネルギーの移動と散逸の理解のために非平衡・開放系の統計力学を導
   入すること

(d) オフシェル光子とオンシェル光子の変換の理解のために量子場のミクロ・
   マクロ双対性に関する考え方[1]，理論[2] を導入すること

などが必要になる. これらを言い換えると

(1) DP はナノ寸法の空間に生成されるのでマクロの世界に住む我々は検出で
   きない. 従って第 6，7 章で議論した準粒子の生成，消滅にとどまらず，
   マクロ系での検出に関する理論が必要となる.

(2) マクロな世界での検出はエネルギーの流れと散逸によってもたらされる
   ことから，非平衡・開放系としての取り扱いが必要である.

(3) DP は一般にはナノ寸法の空間に複数生成される. 従って図 6.1 のような
   単純化されたモデルを一般化し，複数の DP が関与する相互作用を記述
   する必要がある.

要するに DP をオフシェルの領域に存在する量子場という観点で捉えるには
新しい理論が必要となり，従って従来の古典光学，量子光学，光と物質の相互
作用の理論の外部の理論体系を導入する必要がある. 最近はそのための研究が
進んでいる. その一つの方法は上記 d に記したようにオフシェルとオンシェル
の間の変換についての研究であるが，これにはナノ寸法の微小な空間における
DP，DPP のかかわる現象を外部の巨視的空間から制御して発生させる方法，
およびエネルギーの移動と散逸を経て検出する方法が採られている[3,4].

もう一つの方法は従来の物理学で長きにわたり採用されてきた還元主義の代

わりに，DP，DPP が光子，電子，フォノンからなる複合粒子であることに注目し，これを基本要素と捉える方法である．いわば DP，DPP をナノ寸法の「デモクリトスのアトム」と考える．その例として 8.2 節の PB デバイスを複雑系と捉え，デバイスの動作原理と性能をデバイス用材料に還元するのではなく，材料中の独特の構造が自律的に生成される過程が注目されている[5]．そうしないと「Si 結晶を使って発光ダイオードやレーザーを作ることは不可」というオンシェル固有の通説を脱することはできないのである．

以上のように新しい光の学としての DP の学は理論と実験が連携しながら育ってきた．最近は特に実験の研究と応用技術の開発が急進展していることから新しい理論が待望されるようになりその構築がすでに試みられている．

たとえば Si-LED (8.2.1 項 (1) 参照) に関し，B 原子の拡散を互いに相互作用するランダムウォークとみなし，さらに光子，電子，フォノンの結合を多粒子確率過程と考えて数値シミュレーションが行われた結果，アニール時の結晶温度低下，発光強度増加，アニールの最適条件，PB などの実験結果が再現されている[6]．特記すべきは DPP 援用アニールの結果 B 原子対は互いに孤立し，その空間分布はまばらになることが確認されたことである．従来の高パワーの固体レーザーにおいても，発光に寄与するイオンは母結晶中で空間的に互いにまばらに分布し各々孤立しているが，これは上記の B 原子対の分布と類似である．すなわち，DPP 援用アニールによりこのようなまばらな分布が自律的に形成されたのである．

B 原子対がこのようにまばらに分布するため，一旦発光すればその光は Si 結晶中で吸収されることなく外部へ出射され高パワーが得られる．すなわち高利得発光は DPP と伝導帯中の電子との相互作用により，さらに低吸収損失は DPP により制御された B 原子対の分布によりもたらされたのである．

[7]「さらに新しい」光の学を作るには

今後 DP をより深く理解し「さらに新しい」光の学を作って新現象を予言し，それに基づきさらに革新的な応用技術を開発するには第 2〜4 章以外の理論を参考にしつつ新しい理論を作っていく必要がある．

「さらに新しい」光の学のヒントとするため，DP に類似する現象が自然界に多数見られることを指摘しよう．それらは図 9.1 に示すようにナノ系，マクロ

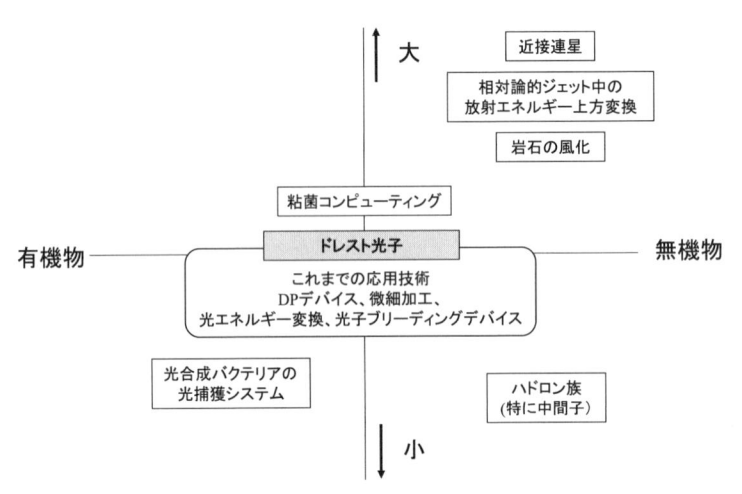

図 **9.1**　近接場光に類似の現象.

系，無機物，有機物など多岐にわたる．たとえば，ハドロン族（特に中間子），光合成バクテリヤの光捕獲システム[7]，粘菌コンピューティング[8]，岩石の風化，宇宙空間の相対論的ジェット中に見られる放射エネルギー上方変換[9]，近接連星[10] などである．これらの多くの類似現象は DP の学が自然界を司る一般的，普遍的な新しい光の学であることを示唆している．

　DP の学は短期間のうちに多くの革新的な応用技術へと繋がった典型的な新しい光の学である．今やオンシェルの光の応用技術の多くをオフシェルの DP により置換え可能になったが，そろそろ「さらに新しい」光の学を作る段階に達している．

参 考 文 献

全体

本書全体を執筆するにあたり参考にした主な文献は次のとおりである.

1) 大津元一, 「現代光科学 I」(朝倉書店, 東京, 1994).
2) 大津元一, 「現代光科学 II」(朝倉書店, 東京, 1994).
3) 大津元一, 「光科学への招待」(朝倉書店, 東京, 1999).
4) 大津元一, 「量子エレクトロニクスの基礎」(裳華房, 東京, 1999).
5) 大津元一, 小林潔, 「ナノフォトニクスの基礎」(オーム社, 東京, 2006).
6) 大津元一, 田所利康, 「光学入門」(朝倉書店, 東京, 2008).
7) 斉木敏治, 戸田泰則, 「光物性入門」(朝倉書店, 東京, 2009).
8) 田所利康, 石川謙, 「イラストレイテッド光の科学」(朝倉書店, 東京, 2014).
9) 田所利康, 「イラストレイテッド光の実験」(朝倉書店, 東京, 2016).

第 1 章

1) 大津元一, 「光科学への招待」(朝倉書店, 東京, 1999) pp.6-9.
2) 大津元一, 「先端光技術入門」(朝倉書店, 東京, 2009) pp.1-3.
3) テレサ・レヴィット (岡田好恵訳), 「灯台の光はなぜ遠くまで届くのか」, 講談社ブルーバックス B1939, 2015

第 3 章

1) 大津元一, 「量子エレクトロニクスの基礎」(裳華房, 東京, 1999), pp.218-224.

第 4 章

1) P. Atkins, J. De Paula, *Physical Chemistry*, the 9th edition (Oxford Univ. Press, Oxford, 2010) p.372.

2) P. Atkins, J. De Paula, *Physical Chemistry*, the 9th edition (Oxford Univ. Press, Oxford, 2010) pp.495-497.

3) D. Pines, *Elementary Excitation in Solids* (Perseus Books, Reading, Massachusetts, 1999).

4) 大津元一，「ドレスト光子」(朝倉書店，東京，2013) p.18.

5) 大津元一，「ドレスト光子」(朝倉書店，東京，2013) p.283.

6) D.N. Payton, W.M. Visscher, *Phys. Rev.* **154**, 802 (1967)

7) A.J. Sievers, A.A. Maradudin, S.S. Jaswal, *Phys. Rev.* **138**, A272 (1965)

8) S. Mizuno, *Phys. Rev.* B,**65**, 193302 (2002)

9) T. Yamamoto, K. Watanabe, *Phys. Rev. Lett.* **96**, 255503 (2006)

10) T. P. Lee, C. A. Burus, A. G. Dentai, *IEEE J. Quantum Electron.* **17**, 232 (1981)

11) R. A. Milano, P. D. Dapkus, G. E. Stillman, *IEEE Tran. Electron Devices* **29**, 266 (1982).

第 5 章

1) 大津元一，「ドレスト光子」(朝倉書店，東京，2013) pp.80-216.

2) M. Ohtsu, *Silicon Light Emitting Diodes and Lasers* (Springer, Berlin, 2016).

3) M. Ohtsu, K. Kobayashi, *Optical Near Fields* (Springer, Berlin, 2004).

4) M. Thomson, *Modern Particle Physics* (Cambridge Univ. Press, Cambridge, 2013) pp.117-119.

5) R. P. Feynman, *The Theory of Fundamental Processes* (W.A. Benjamin, New York, 1962) pp.95-100.

6) M. Ohtsu, H. Hori, *Near-Field Nano-Optics* (Kluwer Academic/Plenum Publishers, New York, 1999) pp.29-31.

7) H. Sakuma, I. Ojima, M. Ohtsu, *Progress in Quantum Electron.* **41** (2017) 出版予定.

8) E.H.Synge, *Phil. Mag.* **6**, 356 (1928).

9) E. A. Ash, G. Nicholls, *Nature* **237**, 510 (1972).

10) H. Bethe, *Phys. Rev.* **56**, 163 (1944).

11) C.J. Bouwkamp, *Philips Res. Rep.* **5**, 401 (1950).

12) C. Girard, D. Courjon, *Phys. Rev.* **B 42** , 9340 (1990).

13) D.W. Pohl, D.Courjon (ed.), *Near Field Optics* (Kluwer, Dordrecht, 1993) pp.1-324.

14) V.A. Podolskiy, A.K. Sarychev, V.M. Shalaev, *Opt. Express* **11**, 735 (2003).

第 6 章

1) J.J. Sakurai, *Advanced Quantum Mechanics* (Addison-Wesley, Reading, 1967) pp.20-74.

2) 大津元一，「ドレスト光子」（朝倉書店，東京，2013）pp.10-16.
3) M. Ohtsu, K. Kobayashi, T. Kawazoe, T. Yatsui, M. Naruse, *Prinicples of Nanophotonics* (CRC Press, Bica Raton, 2007), pp.19-29.
4) K. Kobayashi, M. Ohtsu, *J. Microscopy* **194**, 249 (1999).
5) S. Sangu, K. Kobayashi, M. Ohtsu, *J. Microscopy* **202**, 279 (2001).

第 7 章

1) 大津元一，「ドレスト光子」（朝倉書店，東京，2013）pp.58-73.
2) C. Falvo, V. Pouthier, *J. Chem. Phys.* **122**, 014701 (2005).
3) V. Pouthier, C. Girardet, *J. Chem. Phys.* **112**, 5100 (2000).
4) 大津元一，「ドレスト光子」（朝倉書店，東京，2013）pp.73-79.

第 8 章

1) 大津元一，「ドレスト光子」（朝倉書店，東京，2013）pp.80-198.
2) M. Ohtsu, K. Kobayashi, T. Kawazoe, T. Yatsui, M. Naruse, *Principles of Nanophotonics* (CRC Press, Boca Raton, 2008) p.122.
3) T. Kawazoe, S. Tanaka, M. Ohtsu, *J. Nanophotonics* **2**, 029502 (2008).
4) M. Naruse, H. Hori, K. Kobayashi, P. Holmstrom, L. Thylen, M. Ohtsu, *Opt. Express* **18**, A544 (2010).
5) M. Naruse, P. Holmstrom, T. Kawazoe, K. Akahane, N. Yamamoto, L. Thylen, M. Ohtsu, *Appl. Phys. Lett.* **100**, 241102 (2012).
6) M. Naruse, H. Hori, K. Kobayashi, M. Ohtsu, *Opt. Lett.* **32**, 1761 (2007).
7) M. Naruse, F. Pepper, K. Akahane, N. Yamamoto, T. Kawazoe, N. Tate, M. Ohtsu, *ACM J. on Emerging Technol. in Computing Systems* **8**, 1 (2012).
8) M. Naruse, M. Aono, S.-J. Kim, T. Kawazoe, W. Nomura, H. Hori, M. Hara, M. Ohtsu, *Phys. Rev.* **B86**, 125407 (2012).
9) N. Tate, M. Naruse, T. Yatsui, T. Kawazoe, M. Hoga, Y. Ohyagi, T. Fukuyama, M. Kitamura, M. Ohtsu, *Opt. Express*, **18** (2010) 7497-7505.
10) V. Polonski, Y. Yamamoto, M. Kourogi, H. Fukuda, M. Ohtsu, J. Microscopy **194**, 545 (1999).
11) T. Kawazoe, T. Takahashi, M. Ohtsu, *Appl. Phys.* **B98**, 5-11 (2010).
12) T. Yatsui, W. Nomura, M. Naruse, M. Ohtsu, *J. Phys.D*, **45**, 475302 (2012).
13) T. Kawazoe, H. Fujiwara, K. Kobayashi, M. Ohtsu, *IEEE J. Select. Top. on Quantum Electron.* **15**, 1380-1386 (2009).
14) N. Tate, Y. Liu, T. Kawazoe, M. Naruse, T. Yatsui, M. Ohtsu, *Appl. Phys.* **B110**, 39-45 (2013).
15) 川添忠，雨海千秋，大津元一，第 62 回応用物理学会春季学術講演会予稿集，11p-A12-7（応用物理学会，2015）．

16) S. Yukutake ,T. Kawazoe, T. Yatsui, W. Nomura, K. Kitamura, M. Ohtsu, *Appl. Phys.* **B 99**, 415 (2010).

17) M. Ohtsu, *Silicon Light Emitting Diodes and Lasers* (Springer, Berlin, 2016).

18) T. Kawazoe, M.A. Mueed, M. Ohtsu, *Appl. Phys.* **B 104**, 747 (2011).

19) R. A. Milano, P. D. Dapkus, G. E. Stillman, *IEEE Tran. Electron Devices* **29**, 266 (1982).

20) T. Kawazoe, K. Nishioka, M. Ohtsu, *Appl. Phys.* **A 121**, 1409 (2015).

21) M. A. Tran, T. Kawazoe, M. Ohtsu, *Appl. Phys* **A 115**, 105 (2014).

22) J.-H. Kim, T. Kawazoe, M. Ohtsu, *Adv. Opt. Technol.* **2015**, Article ID 236014 (2015).

23) J.-H. Kim, T. Kawazoe, M. Ohtsu, *Appl. Phys.* **A 121**, 1395 (2015).

24) T. Kawazoe, M. Ohtsu, *Appl. Phys.* **A 115**, 127 (2014).

25) Q. H. Vo, 川添忠, 大津元一, 第 61 回応用物理学関連連合講演会, 2014 年 3 月 18 日, 神奈川, 講演番号 18A-F12-10.

26) 川添忠, 大津元一, 第 59 回応用物理学関連連合講演会, 2012 年 3 月 17 日, 東京, 講演番号 17p-B11-1.

27) D. Seghier, H. P. Gislason, *J. Mater. Sci., Mater. Electron.* **19**, 687 (2008).

28) J. Kong, S. Chu, M. Olmedo, L. Li, Z. Yang, J. Liu, *Appl. Phys. Lett.* **93**, 132113 (2008).

29) A. Nakagawa, T. Abe, S. Chiba, H. Endo, M. Meguro, Y. Kashiwaba, T. Ojima, K. Aota, I. Niikura, Y. Kashiwaba, T. Fujiwara, *Phys. Status Solidi* **C 6**, S119 (2009).

30) K. Kitamura, T. Kawazoe, M. Ohtsu, *Appl.Phys.* **B 107**, 293 (2012).

31) N. Wada, T. Kawazoe, M. Ohtsu, *Appl. Phys.* **B 108**, 25 (2012).

32) T. Kawazoe, M. Ohtsu, K. Akahane, N. Yamamoto, *Appl. Phys.* **B 107**, 659 (2012).

33) W. J. Choi, P. D. Dapkus, J. J. Jewell, *IEEE Photon. Tech. Lett.* **11**, 1572 (1999).

34) Zh. I. Alferov, *Semiconductors* **32**, 1 (1998).

35) H.Tanaka, T. Kawazoe, M. Ohtsu, K. Akahane, *Fluoresc. Mater.* **1**, 1 (2015).

36) M. Ohtsu, Y. Teramachi, T. Miyazaki, *IEEE J. Quantum Electron.* **24**, 716-723 (1988).

37) M. Ohtsu, Y. Teramachi, *IEEE J. Quantum Electron.* **25**, 31-38 (1988).

38) 田中肇, 川添忠, 大津元一, 第 63 回応用物理学会春季学術講演会, 2016 年 3 月 19 日, 東京, 講演番号 19a-S622-8.

39) 田中肇, 川添忠, 大津元一, 赤羽浩一, 山本直克, 第 76 回応用物理学会秋季学術講演会, 2015 年 9 月 16 日, 名古屋, 講演番号 16p-2G-8.

40) T. Kawazoe, K. Hashimoto, S. Sugiura, *Abstract of the EMN Nanocrystals Meeting*, October 2016, Xi'an, China, paper number 03, pp.9-11.

41) J.R. Singer (ed.), *Advances in Quantum Electronics*, (Columbia Univ. Press, New York, 1961) pp.456-506.

42) W.P. Dumke, *Phys. Rev.* **177**, 1559 (1962).

43) N. Tate, T. Kawazoe, W. Nomura, M. Ohtsu, *Sci. Reports*, DOI

10.1038/srep12762 (2015).

44)　N. Tate, T. Kawazoe, S. Nakashima, W. Nomura, M. Ohtsu, *Abstracts of the* 22nd *International Display Workshops*, December 9-11, 2015, Otsu, Japan, PRJ3-1.

45)　T. Kawazoe, N. Tate, M. Ohtsu, *Abstracts of the* 22nd *International Display Workshops*, December 9-11, 2015, Otsu, Japan, PRJ3-5L.

46)　東京天文台編, 「理科年表」 (丸善, 東京, 2005) p.447.

47)　B.E.A. Saleh, M.C. Teich, *Fundamentals of Photonics* (John Wiley & Sons, New York, 1991) pp.226-227.

48)　T.H. Upton, *J. Phys. Chem.* **90**, 754 (1986).

49)　A. Pajca, *Chem. Rev.* **94**, 871 (1994).

第9章

1)　S. MacLane, *Categories for the Working Mathematician* (Springer, Berlin, 1971).

2)　小嶋泉, 「量子場とミクロ・マクロ双対性」 (丸善, 東京, 2013) pp.1-222.

3)　I. Ojima, *Proc. Intern. Conf. of Stochastic Analysis*, ed. by T. Hida (World Scientific, 2005) arXiv:math-ph/0502038.

4)　I. Ojima, H. Saigo, *Mathematics* **3**, 897 (2015).

5)　大津元一, 香取眞理, レーザー研究 **45**, 139 (2017).

6)　M. Katori, H. Kobayashi, *Progress in Nanophotonics* 4 ,ed. by M. Ohtsu (Springer, Berlin, 2017) pp.19-55.

7)　G. McDormott, S.M. Prince, A.A. Freer, A. M. Hawthornthwaite-Lawless, M.Z. Papiz, R.J. Cogdell, N.W. Isaacs, *Nature* **374**, 517-521 (1995).

8)　M. Aono, S.-J. Kim, M. Naruse, M. Wakabayashi, H. Hori, M. Ohtsu, M. Hara, *Langmuir* **29**, 7557-7564 (2013).

9)　B.E. Stern, J. Poutanen, *Mon. Not. R. Astronom. Soc.*, **383**, 1695-1712 (2008).

10)　R.W. Hilditch, *An Introduction to Close Binary Stars* (Cambridge Univ. Press, Cambridge, 2001).

索　引

著者略歴

大津元一（おおつもといち）

1950 年　神奈川県に生まれる
1978 年　東京工業大学大学院理工学研究科
　　　　博士課程修了
現　在　東京大学名誉教授
　　　　東京工業大学名誉教授
　　　　一般社団法人ドレスト光子研究起点代表理事
　　　　NPO 法人ナノフォトニクス工学推進機構理事長
　　　　工学博士

これからの光学
　—光の古典論・量子論・物質との相互作用・新しい光—　　定価はカバーに表示

2017 年 10 月 10 日　初版第 1 刷

著　者　大　津　元　一
発行者　朝　倉　誠　造
発行所　株式会社　朝　倉　書　店
　　　　東京都新宿区新小川町6-29
　　　　郵 便 番 号　　162-8707
　　　　電　話　03(3260)0141
　　　　Ｆ Ａ Ｘ　03(3260)0180
　　　　http://www.asakura.co.jp

〈検印省略〉

中央印刷・渡辺製本

ISBN 978-4-254-13124-6　C 3042　　　Printed in Japan